国家社会科学基金项目

中国雾霾防治政策研究

周景坤　余钧　黎雅婷　著

中国社会科学出版社

图书在版编目(CIP)数据

中国雾霾防治政策研究/周景坤等著.—北京：中国社会科学出版社，2019.3
ISBN 978-7-5203-3693-2

Ⅰ.①中… Ⅱ.①周… Ⅲ.①空气污染—污染防治—环境政策—研究—中国 Ⅳ.①X51

中国版本图书馆 CIP 数据核字(2018)第 284721 号

出 版 人　赵剑英
责任编辑　周晓慧
责任校对　无　介
责任印制　戴　宽

出　　版　中国社会科学出版社
社　　址　北京鼓楼西大街甲 158 号
邮　　编　100720
网　　址　http://www.csspw.cn
发 行 部　010-84083685
门 市 部　010-84029450
经　　销　新华书店及其他书店

印　　刷　北京明恒达印务有限公司
装　　订　廊坊市广阳区广增装订厂
版　　次　2019 年 3 月第 1 版
印　　次　2019 年 3 月第 1 次印刷

开　　本　710×1000　1/16
印　　张　13.75
插　　页　2
字　　数　212 千字
定　　价　58.00 元

凡购买中国社会科学出版社图书,如有质量问题请与本社营销中心联系调换
电话:010-84083683

目　录

第一章　导论

一　研究背景

雾霾是一种大气污染，主要是由人类社会的经济活动与特定的气候条件等自然环境共同作用的结果。雾霾即为雾与霾，它是由雾和霾这两种天气现象形成的气态混合物。雾是由近地面空气中的水汽凝结或凝华而成的，是由空气中大量的水滴或冰晶组成的白色气溶胶悬浮物。雾的存在会降低水平能见度，严重影响人们的出行，雾的边界非常分明，过了雾笼罩的区域可能就是万里晴空。虽然雾的凝结核是灰尘，且看起来是乳白色或者青白色的，但基本上无毒无害。霾是均匀地悬浮在空中的那些微带蓝色的黑暗物质，它是悬浮在空气中的烟、灰尘、硫酸、有机碳氢化合物等，它是会使大气浑浊，能见度降低的粒子，加上尾气、烟尘等细小颗粒物，遇到无风等不利于扩散的天气，就形成了霾。[①] 霾能被人体直接吸入并黏附在人体下呼吸道和肺叶中，对人体健康有害。雾和霾的主要区别在于水分含量的多少。水分含量低于80%的为霾，高于90%的为雾，在80%—90%的为雾和霾的混合物。总的来说，雾霾天气是由雾和霾的混合物共同造成的，它导致能见度降低，视野模糊[②]；中国气象局2012年9月关于雾霾及其定义指出：雾有不同的类型，如冰雾，它是在气温低于冰点时，水汽从汽态直接变成了固体冰晶而形成的。此外，还有蒸汽雾和锋面雾、平流雾和辐射雾等。雾和云有区别，云生成于高层大气，而雾是在靠近地

---

① 周丽雅：《受云雾干扰的可见光遥感影像信息补偿技术研究》，《解放军信息工程大学》2011年第10期。

② 张建忠等：《雾霾天气成因分析及应对思考》，《中国应急管理》2014年第1期。

表的地方；雾和霾也有区别，霾是一种浑浊的现象，而雾不是。根据“视野模糊导致能见度恶化的程度”这一指标，又可把造成这种视野模糊现象霾的成因分成很多种。其中，水平能见度小于1千米，由非水成物组合而成的气溶胶系统造成的，就叫作霾。[①] 通常所说的“雾霾”，就是雾和霾的统称，是近年来出现频率较高的大气污染现象。“雾”和“霾”二者混在一起所形成的天气称为“雾霾天气”，是一种自然灾害性的天气，更是一个巨大的环境问题。为了便于区分和了解雾与霾的特征，我们用表1－1来对比说明。

表1－1　**雾与霾的特征对照**

天气现象	雾	霾
成分	水滴、冰晶	尘、硫盐酸、硝酸盐、碳氢化合物等
大气湿度	饱和	不饱和
厚度	几十米至200米	1—3000米
颜色	乳白色、青白色	黄色、橙灰色
边界	清晰，能见度起伏不定，明显	不清晰，能见度均匀
可见性	肉眼可见	肉眼并不可见
日变化	明显	不明显

资料来源：钟彩霞、薛芳《浅析雾霾成因及防控对策》，《资源节约与环保》2015年第5期。

雾霾天气是由工业废气、汽车废气、煤炭和垃圾燃烧废气、建筑灰尘等多种污染物混合形成的。当这类混合物在大气中超过一定含量，再加上特殊的气象条件时，就形成了雾霾天气这一大气现象。“雾霾”是近年来频繁出现的一个热词。自2013年以来，中国多地雾霾灾害天气频繁爆发，媒体关于雾霾的报道不断增多，这一天气现象也越来越受到人们的关注。特别是2015年柴静《穹顶之下》纪录片的播出，引发国民一片热议，将

① 陈雅琼：《雾霾及其定义》，中国气象学会，2012［2015-06-26］. http：//www. cma. gov. cn/2011xzt/20120816/2012081601_ 2/201208160101/201209/t20120912_ 185010. html。

对雾霾的关注推入了一个新高潮。雾霾是一个世界性的问题。国外雾霾污染早期主要以烟雾的形式出现。比如1930年马斯河谷，1943年洛杉矶和1952年伦敦烟雾事件等。美国雾霾问题产生的主要原因是气体的污染，例如汽车尾气、汽油挥发、不完全燃烧的气体、工厂排出的大气污染物等；英国伦敦的雾霾问题主要是由冬季取暖燃煤和工业排放的大气污染物造成的。国外雾霾的治理采取了雾霾立法、政策执行、制定检测标准、合理规划公共交通、对城市进行绿化建设等举措，经过长期的治理，取得了显著的效果。中国的雾霾污染现象始于千禧年之后，随着中国经济的发展与社会的进步，中国的大气环境问题相伴而生，特别是雾霾作为一个以前很少出现的大气污染问题，使政府的相关治理工作面临着严峻的挑战。尽管为了能够对雾霾进行有效的防治，中国从财政、税收、公共服务等方面制定了一系列的雾霾防治政策，然而，经过一段时间的政策执行后，雾霾污染治理效果并不是很理想，主要存在如下问题：第一，雾霾的范围有不断扩大的趋势，这种现象由北京、上海、广州逐步蔓延到京津冀地区、珠江三角洲地区、长江三角洲地区等区域，由东部沿海城市逐步延伸到内地的城市，从而演变成一个全国性的问题；第二，雾霾呈现出越来越复杂的态势，中国的雾霾问题结合了英国和美国的雾霾成因，在治理上增加了难度。为了更好地解决中国的雾霾问题，使雾霾防治相关政策的未来走向更具有针对性，对中国雾霾防治政策的发展演进、现实需求、优化策略等加以研究具有非常重要的价值和实践指导作用。

二　研究目的与意义

（一）研究目的

本书研究目的是在对中国雾霾防治政策的供给情况进行系统梳理，对中国雾霾防治政策的需求进行实证调查，对国外雾霾防治政策的主要做法与成功经验进行总结归纳的基础上，给出全面优化中国雾霾防治政策的具体措施，以期为完善中国雾霾防治政策提供理论参考和现实依据。

（二）理论意义

本书运用定量与定性相结合的方法，对中国雾霾防治政策的供给与需求等进行实证探讨，这在还很少有人对中国雾霾防治政策进行相关实证研究的背景下，将会极大地丰富中国雾霾防治政策的实证研究工作。本书内容对于深入研究中国雾霾防治政策的供给与需求，丰富和完善中国雾霾防治政策的理论体系具有重要的价值。

（三）实践意义

本书对改革开放以来中国政府制定并实施的一系列雾霾防治政策按财政、金融、技术、税收、人才、产业和公共服务等类别进行较为全面的梳理，加深了对中国雾霾防治政策的历史变革和发展趋势的了解；对中国雾霾防治政策需求的实证调查，国外雾霾防治政策的主要做法与成功经验的系统分析和优化中国雾霾防治政策的对策建议，将有利于为中国雾霾防治政策的调整，建立和完善中国雾霾防治政策体系提供指导。

三 研究的主要方法

（一）文献分析法

本书通过文献分析法来搜集与分析国外有关雾霾防治政策的主要做法、成功经验和文献资料等，为优化中国雾霾防治政策提供借鉴。

（二）深度访谈法

本书围绕中国雾霾防治政策的实际需求等运用深度访谈方法，为调查问卷的设计提供帮助。

（三）问卷调查法

本书依据问卷设计的要求和程序，设计出中国雾霾防治政策实际需求等测量问卷，为进行实证调查做准备工作。

（四）专家会议法

本书邀请雾霾防治政策领域的相关专家学者参加会议，对调查方案设计的可行性等方面进行会议讨论。

（五）比较分析法

本书运用两两比较法，对中国雾霾防治政策与国外雾霾防治政策进行比较分析，对地区间雾霾防治情况进行比较等，为中国雾霾防治政策的优化策略提供帮助。

（六）描述性统计法

本书运用描述性统计方法对中国雾霾防治政策的实际需求等内容进行了描述性统计分析。

（七）方差分析法

本书运用方差分析法对中国不同地区雾霾防治政策是否存在显著性差异，以及同一地区不同类别的雾霾防治政策是否存在显著性差异等进行了分析。

四　研究的主要内容

本书首先对中国雾霾防治政策的供给现状进行系统梳理；其次以雾霾防治政策类别为维度，调查中国雾霾防治政策的实际需求，从而有效地把握中国不同地区雾霾防治主体对雾霾防治政策的实际需求；最后在对国外雾霾防治政策的成功经验和主要做法等进行较为全面分析的基础上，给出了中国雾霾防治政策的优化策略。主要研究情况如下：

第一章——导论。本章介绍了雾霾的含义及中国雾霾污染形成的环境，分析了本书研究的目的和意义，给出了本书的主要研究内容、方法和技术路线。

第二章——文献综述。本章对国内外有关雾霾防治政策研究的相关文献进行收集、归纳和分析，指出了中国雾霾防治政策相关研究的优点与不足。

第三章——中国雾霾现状及成因。本章描述了中国整体雾霾污染情况和经济发展较快地区的雾霾污染情况，较为全面地论述了中国雾霾污染的成因，并指出了中国雾霾天气的严重影响及危害，以期为中国雾霾防治政策的优化与完善提供支持。

第四章——中国雾霾防治政策需求研究。本章运用文献调查法构建了中国雾霾防治政策的实际需求体系；接着运用判断抽样方法选择了中国雾霾污染严重地区、中国雾霾污染较为严重地区和中国雾霾污染不严重地区等不同地区的样本，并对其实际需求进行问卷调查；然后对中国雾霾防治政策需求进行了描述性统计分析；最后对中国不同地区雾霾防治政策的需求差异进行了对比分析。

第五章——中国雾霾防治政策的供给演进过程分析。本章按雾霾防治政策的财政、税收、金融、人才、技术、产业和公共服务等类别，把中国雾霾防治政策的各种类型分为萌芽、起步、发展和逐步完善四个阶段进行相关的主要政策措施研究，并给出不同类型政策的发展趋势。

第六章——外国雾霾防治政策的主要做法及成功经验。本章按照财政、税收、金融、人才、技术、产业和公共服务等雾霾防治政策类型划分的特点对国外雾霾防治政策的主要做法及成功经验进行了较为全面的分析，以期为中国雾霾防治政策的优化与完善提供帮助和指导。

第七章——中国雾霾防治政策的优化策略研究。本章根据实证分析的结论和国外雾霾防治政策的主要做法及成功经验，构建中国雾霾防治政策的基本框架，给出了完善中国雾霾防治政策的具体措施，以期为中国雾霾防治政策的完善提供帮助。

第八章——研究结论与展望。本章对中国雾霾防治政策相关研究结果进行了总结，分析了本书的创新点，并给出了本书存在的主要问题和未来研究的展望。

五　研究技术路线

本书以“中国雾霾防治政策供给演进分析——中国雾霾防治政策需求的实证调查——国外雾霾防治政策的主要做法和成功经验——中国雾霾防治政策的优化策略”为技术研究路径（见图1-1）。

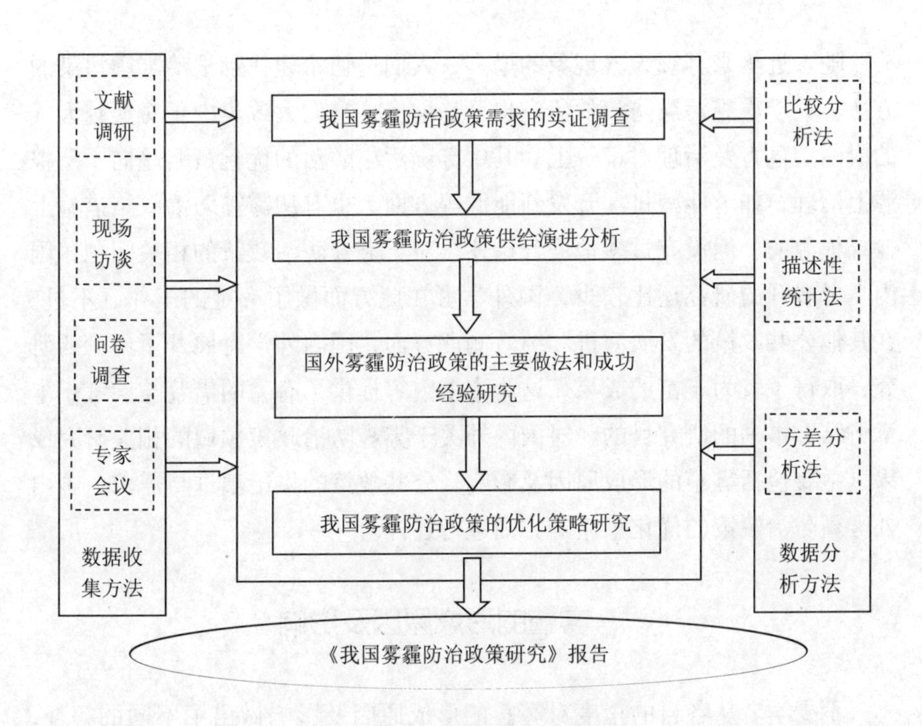

图1-1　本书研究的技术路线

第二章 文献综述

随着近年来雾霾天气现象的增多，人们迫切希望找到根治雾霾污染的方法。关于雾霾污染防治的研究也日趋增多，它们大致集中于对雾霾天气的成因、危害及治理对策等上。其中雾霾污染防治的优化策略趋向于从根源上治理，如节能减排、开发新能源等方面。也有从雾霾防治政策措施上探寻根源的，但没有过多地展开论述。对于雾霾防治政策的相关问题，国内学者展开的研究还比较少，国外学者在此方面做了一定的工作，不过，在其他公共政策的发展演进和绩效测评方面，国内外学者展开了不少的研究，取得了较为丰富的成果。这为本书内容提供了有力的借鉴与参考。本章将结合本书的研究目的，对国内外关于雾霾防治政策领域的相关研究成果，主要包括雾霾的形成原因及影响、公共政策的供给演进与需求、国内外雾霾防治政策的优化策略等方面进行述评。

一 雾霾的形成原因及影响

不少学者从各自的角度对雾霾的形成原因及影响做出了不同的解释，如 Jost 认为，水平、垂直和季节性的颗粒物形成了雾霾，来自气象和化学的证据表明，北极的雾霾是由于人为的因素引起的[①]。Sönke 指出，亚洲雾霾主要是由气溶胶形成的，这种溶胶会影响气候和人体健康，特别是在大气中含有高水平粒子的情况下。[②] 联合国环境规划署（UNEP）于 2002

---

① Jost Heintzenberg，“Arctic Haze：Air Pollution in Polar Regions，” *Polar Regions*，1989(11)：50 – 55.

② Sönke Szidat，“Sources of Asian Haze，” *Science*，New Series，2009（1）：470 – 471.

年8月指出，包括烟雾、臭氧在内的“亚洲褐云”是由印度等国家燃烧农业废弃物、汽车的排放物、工业燃料和木材的燃烧所形成的。[①] Jost认为，北极的雾霾问题可以很好地被界定为一个极地地区的空气污染问题。北极雾霾的颗粒物具有水平性、垂直性和季节性特征。气象和化学证据表明，有关北极的阴霾来源于人为的原因。[②] George指出，美国夏季的雾霾来自墨西哥湾海岸向北运动的海上热带气团，有证据表明，含有硫酸盐微粒的雾霾在墨西哥中西部和东北部排放后，前往墨西哥湾，在某些情况下，雾霾会返回其来源地区。[③] Richard指出，雾霾虽然很小，肉眼看不见，但它非常重要。雾霾会腐蚀雕像，使湖泊变得有毒并破坏森林。另外，它还能使气候和环境发生变化。[④] 王腾飞、苏布达、姜彤指出，随着中国大规模工业化和城市化的推进，工业现代化的快速发展，大量的废气被排放到空气中，再加上全球气候变暖和气象条件的变化，导致中国大面积雾霾天气的频现。[⑤]

二　公共政策

国外学者对“公共政策”的界定进行了充分的研究。不同的学者从各自的角度对公共政策的概念进行了界定。如Lasswell和Kaplan（1963）认为，公共政策是含有目标、价值与策略的大型计划。[⑥] Easton（1971）认为，公共政策是对全社会价值的权威性分配。[⑦] 他还认为，它是对整个

① George T. Wolff, Nelson A. Kelly and Martin A. Ferman, “On the Sources of Summertime Haze in the Eastern United States,” *Science*, New Series, 1981（2）：703－705.

② Jost Heintzenberg, “Arctic Haze: Air Pollution in Polar Regions,” *Polar Kegions*, 1989（1）：50－55.

③ George T. Wolff, Nelson A. Kelly and Martin A. Ferman, “On the Sources of Summertime Haze in the Eastern United States,” *Science*, New Series, 1981（2）：703－705.

④ Richard A. Kerr, “Pollutant Haze Cools the Greenhouse,” *Science*, New Series, 1992（2）：682－683.

⑤ 王腾飞、苏布达、姜彤：《气候变化背景下的雾霾变化趋势与对策》，《环境影响评价》2014年第1期。

⑥ H. D. Lasswell, A. Kaplan, *Power and Society*, N. Y.: McGraw-Hill Book Co., 1963, p. 70.

⑦ D. Easton, *The Political System: An Inquiry into the State of Political Science*, New York, Knopf, 1971, pp. 129－134.

社会的价值给予具有权威性的分配。[①] Lasswell 和 Kaplan 认为，它是一个大型的计划，这种计划中包含着政策的目标、政策的价值以及策略。[②] Eyestone 认为，公共政策是行政机构以及它与周边环境之间的关系。[③] Hopkins 指出，尽管大量的研究集中在政策作为因变量方面，但政策的含义与测量问题、连贯的和系统性的调查至关重要。[④] Thomas 认为，公共政策是政府所做的决定，不管这个决定是做还是不做某件事情。[⑤] Margaret 认为，政策是对权力关系的权衡和处理。[⑥] 陈庆云认为，公共政策是为了追求有效增进公平分配社会利益过程中所制定的行为准则。[⑦] 伍启元认为，公共政策是由政府等组织所选择或采取的具有拘束性且为大多数人所接受的行动准则。[⑧] 陈振明认为，政策是由一些法令、条例、办法、谋略和措施等组成的，它为了在某一时期内实现特定目标所制定的行为准则。[⑨]

三　公共政策的供给演进过程

Kuhlmann 从政策发展的角度分析了欧洲创新政策的供给演进过程。[⑩]

---

① D. Easton, *The Political System*, New York: Kropf, 1953, p. 129.

② H. D. Lasswell and A. Kaplan, *Power and Society*, New Haven , Yale University Press, 1970, p. 71.

③ R. Eyestone, *The Threads of Public Policy*: *A Study in Policy Leadership*, Indianapolis: Bobbs-Merril, 1971, p. 18.

④ Anne H. Hopkins, Ronald E. Weber, "Dimensions of Public Policies in the American States," *Polity*, 1976 (3): 475 - 489.

⑤ Thomas R. Dye, *Understanding Public Policy*, Englewood Cliffs, N. J. : Prentice-Hall Inc. , 1987, p. 2.

⑥ Margaret L. Placier, "The Semantics of State Policy Making: The Case of at Risk," *Educational Evaluation and Policy Analysis* , 1993 (11): 380 - 395

⑦ 陈庆云：《公共政策分析》，北京大学出版社 2006 年版，第 200 页。

⑧ 伍启元：《公共政策》（上册），中国人民大学出版社 2002 年版，第 67 页。

⑨ 陈振明：《政策科学》，中国人民大学出版社 2003 年版，第 50 页。

⑩ S. Kuhlmann, "The Rise of Systemic Instruments in Innovation Policy," *Journal of Foresight and Innovation Policy*, 2004 (1): 4 - 32.

Mustar 和 Laredo 归纳出了法国创新政策的发展演进过程。[①] Lepori et al. 总结归纳出了欧洲六国创新政策的发展演进过程和特点。[②] Freitas 和 Tunzelmann 用实证分析的方法比较了英国和法国创新政策发展演进过程的异同。[③] James 指出，国会执行了一个新的框架，即 1974 年的预算方案，通过这个法案对整个系统中的重点收入和支出进行检查，这个分析侧重于四个要素：新预算法案的程序，预算改革的原因，主要特征以及后果。[④] 刘长才、宋志涛把资产证券化政策分为探索阶段（1992—2000 年）、标准证券化准备阶段（2001—2004 年）和正规证券化阶段（2005 年以后）。[⑤] 徐福志从创新政策供给统计需求调查和优化策略方面分析了政策的供给演进特征。[⑥] 段忠贤将改革开放以来中国创新政策的演进划分为重构科技体制时期，建立研发投入机制时期，促进科技成果转化时期，构建国家创新体系时期四个阶段。[⑦]

四　公共政策的需求研究

Frederic 通过对预期总需求政策的预测，运用科学计算的方法得出了相关的结果。[⑧] Leo 通过对农业的统计分析得出农业政策的实际

---

① Mustar, Philippe & Laredo, Philippe, "Innovation and Research Policy in France (1980-2000) or the Disappearance of the Colbertist State," *Research Policy*, 2002 (1): 55.

② Lepori et al., "Indicators for Comparative Analysis of Public Project Funding: Concepts, Implementation and Evaluation," *Research Evaluation*, 2007 (4): 243-255.

③ Isabel Maria Bodas Freitas, Nick von Tunzelmann, "Mapping Public Support for Innovation: A Comparison of Policy Alignment in the UK and France," *Research Policy*, 2008 (7): 46-64.

④ James A. Thurber, "Congressional Budget Reform and New Demands for Policy Analysis," *Policy Analysis*, 1976 (3): 197-214.

⑤ 刘长才、宋志涛：《基于政策供给的我国资产证券化演进路径分析》，《商业时代》2010 年第 10 期。

⑥ 徐福志：《浙江省自主创新政策的供给、需求与优化研究》，硕士学位论文，浙江大学，2013 年。

⑦ 段忠贤：《自主创新政策的供给演进、绩效测量及优化路径研究》，博士学位论文，浙江大学，2014 年。

⑧ Frederic S. Mishkin, "Does Anticipated Aggregate Demand Policy Matter? Further Econometric Results," *The American Economic Review*, 1982 (9): 788-802.

需求。[1] Stephen 提出政策需求的可持续性，并且通过环境政策的案例予以了证明。[2] Assar 指出产品政策的需求对就业没有显著的影响，除非这些政策刺激了劳动生产力的提高，企业的进入，资本利用率或投资。[3] 黄小敏认为，环境污染责任保险补贴政策的需求有着健全的补贴法律法规体系、持续稳定增长的财政投入和完善的补贴效率保障机制。[4] 范柏乃等人运用实证分析方法对西部大开发政策的实际需求进行了调查和分析。[5] 周笑运用实证调查的方法分析了企业与高校在产学研合作方面政策的实际需求情况。[6] 谢运运用公共政策评价理论和方法测评了创新政策的供给和需求。[7] 刘太刚调查了创新政策的供需情况。[8]

五　国外雾霾防治政策的优化策略

国外为了解决雾霾的污染问题，从专利保护、人才、财政、税收、技术创新等方面制定了相关的雾霾防治政策。如美国在雾霾防治的治理过程中，形成了“官”“产”“学”的协作机制；Evan J. Ringquist 指出，美国在控制污染法案和各种监管措施的多种作用下雾霾防治取得了良好的效果。使用多重回归和路径分析方法有助于对雾霾防治政策的优化，在经济

---

① Leo V. Mayer and J. Dawson Ahalt, “Public Policy Demands and Statistical Measures of Agriculture,” *American Journal of Agricultural Economics*, 1974 (12): 984 – 988.

② Stephen R. Dovers, “Sustainability: Demands on Policy,” *Journal of Public Policy*, 1996 (9): 303 – 318.

③ Assar Lindbeck and Dennis Snower, “Demand- and Supply-Side Policies and Unemployment: Policy. Implications of the Insider-Outsider Approach,” *The Scandinavian Journal of Economics*, 1990 (6): 279 – 305.

④ 黄小敏：《环境污染责任保险补贴的政策需求与制度供给》，《南方金融》2012 年第 9 期。

⑤ 范柏乃、龙海波、王光华：《西部大开发政策绩效评估与调整策略研究》，浙江大学出版社 2011 年版。

⑥ 周笑：《产学研合作中的政策需求与政府作用研究》，硕士学位论文，南京航空航天大学，2008 年。

⑦ 谢运：《我国激励自主创新的税收政策评价与优化路径研究》，硕士学位论文，浙江大学，2012 年。

⑧ 刘太刚：《公共物品理论的反思——兼论需求溢出理论下的民生政策思路》，《中国行政管理》2011 年第 9 期。

活动、经济基础设施和燃料消耗方面监管的效果已经显现。[①] Ellyn 认为，美国的国会和州立法机构创建了各种规制机构，以控制雾霾污染源的排放，这些规制机构相对而言是封闭的，应该加强行政机构的改进和具体可行方法的改善。[②] 欧盟条约主要采用风险评估和成本效益分析等方法。Alan Manne 等提出 MERGE 模型，该模型的设计具有足够的灵活性，可用于探索各种各样有争议的问题，如费用、损失、估值和贴现等。[③] 东盟雾霾协议对国家之间的雾霾处理问题进行了界定。因为很难采用成本和效益方法对跨国的雾霾进行防治，所以在制定国家之间条款以及关于雾霾防治的相关冲突协议时，规定要采用一个规范的模式进行管理，并对具体的国家提出了实质性的要求，以形成对东盟国家具有约束力的协议。[④] Metcalfe 认为，美国应该调整财税政策，进一步扩大碳税的覆盖范围，达到全美国 80% 的碳排放以上。[⑤] Portman 指出，英国环境管理委员会 2007 年通过制定新的制度和管理办法来解决城市环境污染问题。[⑥] Charles Landry 认为，挪威应该提高能源利用效率，多使用可再生能源和新能源等政策措施以减少大气污染物等的排放。[⑦] Sandmo 较为全面地分析了环境税的征收问题

---

① Evan J. Ringquist, "Does Regulation Matter? —Evaluating the Effects of State Air Pollution Control Programs," *The Journal of Politics*, 1993 (11): 1022 – 1045; Terry A. Ferrar, "A Rationale for a Corporate Air Pollution Abatement Policy," *American Journal of Economics and Sociology*, 1974 (6): 233 – 236.

② Ellyn Adrienne Hershman, "California Legislation on Air Contaminant Emissions from Stationary Sources," *California Law Review*, 1970 (11): 1474 – 1498.

③ David W. Pearce, "Environmental Appraisal and Environmental Policy in the European Union," *Environmental and Resource Economics*, 1998: 11 (3 - 4): 489 - 501, 1998; Alan Manne, Robert Mendelsohn, Richard Richels, "A Model for Evaluating Regional and Global Effects of GHG Reduction Policies," *Energy Policy*, 1995 (2): 17 – 34.

④ David B. Jerger, Jr., "Indonesia's Role in Realizing The Goals of Asian Agreement on Transboundary Hazepollution," Copyright of Sustainable Development Law & Policy is the property of American University, Washington College of Law, 35 – 75.

⑤ D. Metcalfe, P. A. Frensch, "Risk Society: The Lore of Unexpected Events," *Journal of Experimental Psychology, Learning, Memory, and Cognition*, 2011 (5): 1011 – 1026.

⑥ Portman, "Wireless Mesh Networks for Public Safety and Crisis Management Applications," *IEEE Internet Computing*, 2008 (12): 18 – 25.

⑦ Charles Landry, "The Creative City: A Toolkit for Urban Innovators," Springer-Verlag New York Inc., 2010 (4): 117 – 136.

等。[1] Baumol Oates 认为，保护环境应该利用好税收和财政补贴政策。[2]美国科学基金会在雾霾防治当中起到了举足轻重的作用，雾霾防治相关技术的管理、治理和规制是这个基金会的职能之一，它还对相关的政策执行效果进行了评估，并致力于提高政策的执行效果。[3] James 指出，1997—1998 年的雾霾危机对东盟的模式和机构构成了挑战，传统的东盟模式已经被证明不是一个有利的模式，需要创新东盟的模式来解决跨区域、跨国界的雾霾问题。[4] 韩国修改后的法律规定，温室气体减排以及减少环境污染的专利申请项目，将在 1 个月内予以审查，并于 4 个月内公布结果。而之前是 3 个月的审查期和 6 个月内公布结果。[5]

六　国内雾霾防治政策的优化策略

中国在雾霾防治政策优化策略上的研究主要集中在以下几个方面。在产业和技术政策的优化策略方面，郭俊华、刘奕玮（2014）认为，优化产业结构有利于防治雾霾。[6] 慕安霜认为，防治雾霾应该加快传统产业的升级，改变传统的高污染、高消耗、高投入、低产出粗放型的生产方式。[7] 朱怀认为，通过完善立法，均衡产业规划，优化产业结构，突出高技术产业发展等有利于防治雾霾。[8] 冷艳丽、杜思正通过实证分析发现产业结构与雾霾污染呈正相关关系，应加快对产业结构的调整优化，利用高

---

① Sandmo, *Environmental Finance*, New York: John Wiley and Sons, 2002 (12).

② Baumol Oates, "Bank Monitoring and Environment Risk," *Journal of Business Finance & Accounting*, 2007 (1): 163.

③ M. Granger Morgan, "Upgrading Policy Analysis: The NSF Role," *Science*, New Series, 1983 (12): 1187.

④ James Cotton, "The 'Haze' over Southeast Asia: Challenging the ASEAN Mode of Regional Engagement," *Pacific Affairs*, 1999 (10): 331 - 351.

⑤ 韩国：《绿色技术专利之争愈演愈烈》，中国保护知识产权网，2009 年 8 月 26 日（http://www.lawtime.cn/info/zhuanli/zlnews/2011050659386.html）。

⑥ 郭俊华、刘奕玮：《我国城市雾霾天气治理的产业结构调整》，《西北大学学报》（哲学社会科学版）2014 年第 3 期。

⑦ 慕安霜：《雾霾天气下产业结构调整的方向及意义》，《商》2015 年第 12 期。

⑧ 朱怀：《透过雾霾天气浅析我国产业政策法》，《管理观察》2014 年第 9 期。

新技术对传统产业进行改造，促进低碳和清洁生产。[①] 李佳、陈世金、许文静认为，应该进行技术创新，推动节能减排，统一大气污染治理措施，河北、北京与天津产业应该错位发展以防治雾霾。[②] 王少梅、李茜倩、谷娜认为，可以从油气回收技术，洗煤技术，小锅炉的脱硫、脱硝、除尘技术，油烟净化和油品升级技术等方面来防治雾霾。[③] 周梦君认为，依靠技术创新，发展核电可以防治雾霾。[④] 石朝树认为，应从建立雾霾预警机制，调整经济结构，加快产业转型和设备技术改造等方面构建雾霾防治长效机制。[⑤] 高广阔、韩颖认为，应该加大研发支出，增强企业自主创新能力，加大相关惩罚的力度，完善大气治理财政补贴制度，建立全面的产业减排标准，规范行业标准，完善大气治理产业市场准入制度等来防治雾霾。[⑥] 在金融和财政方面，吕玮探讨了在中国如何建立碳金融交易市场来防治雾霾。[⑦] 宋俊平提出了加快结构调整升级，大力发展循环经济，完善信息共享机制，加强金融环保各部门的协调配合，加强金融产品创新，增强金融支持节能减排的效果，完善相关财政政策，加大财政的支持力度等防治雾霾的政策措施。[⑧] 韩雁冰认为，防治雾霾应该加大财政资金的补贴力度和优化财政补贴的方式。[⑨] 齐蓉给出了完善环境保护财政政策的措施，包括加大政策投入和财政补贴等。[⑩] 赵美丽、吴强给出了完善环境保

① 冷艳丽、杜思正：《产业结构、城市化与雾霾污染》，《中国科技论坛》2015 年第 9 期。

② 李佳、陈世金、许文静：《京津冀一体化背景下的雾霾治理与河北省产业结构调整》，《福建质量管理》2016 年第 2 期。

③ 王少梅、李茜倩、谷娜：《试论雾霾现况与环保技术》，《哈尔滨师范大学自然科学学报》2015 年第 5 期。

④ 周梦君：《依靠技术创新，安全高效发展核电，治理雾霾源头》，《上海节能》2015 年第 3 期。

⑤ 石朝树：《产业升级视角下合肥市雾霾治理对策研究》，《合作经济与科技》2015 年第 8 期。

⑥ 高广阔、韩颖：《雾霾影响下大气治理产业发展问题与对策研究》，《发展研究》2015 年第 3 期。

⑦ 吕玮：《基于雾霾治理的碳金融市场发展对策》，《商业会计》2016 年第 3 期。

⑧ 宋俊平：《金融支持雾霾天气治理的思考》，《求知》2014 年第 12 期。

⑨ 韩雁冰：《雾霾天气环境下清洁能源发展的财政政策思考》，《资源节约与环保》2013 年第 12 期。

⑩ 齐蓉：《促进环境保护的财政政策研究》，《赤峰学院学报》2014 年第 10 期。

护财政政策的措施，包括加大财政资金投入和加强政府绿色采购力度。[①]在税收和法律等方面，张楠给出改革常规化石能源税制和完善关税与所得税优惠政策等解决雾霾问题的对策。[②] 宋怡欣认为，完善碳金融法律制度有利于防治雾霾。[③] 张科指出，完善中国低碳经济应该进一步细化财政预算，强化财政预算的监督工作，做好财政补贴政策、政府采购、融资担保等工作，适时开征碳税，完善现行的税收政策和健全法律法规体系等。[④]

七 对现有研究的评述

随着中国经济的快速发展，雾霾防治问题日益突出，雾霾防治政策的供给演进和政策的优化策略等也越来越受到国家领导者和广大市民的重视。然而，专家学者在这一方面的研究比较少，难以满足中国可持续发展的需求。

（一）雾霾防治政策的供给演进与需求研究有待加强

在雾霾防治政策的供给演进方面，国内外关于雾霾防治政策供给演进的相关研究主要反映在其他领域的公共政策上，很少有对雾霾防治政策的供给演进进行研究的。在雾霾防治政策的需求方面，国内外学者对其他领域的公共政策需求进行了一些研究，但很少有研究雾霾防治政策实际需求的。

（二）雾霾防治政策的优化策略研究有待深入

雾霾防治政策优化是一项复杂的系统工程，它包括财政、税收、金融、产业、人才、技术和公共服务等不同类型，不同类型的政策一旦出现

---

① 赵美丽、吴强：《促进环境保护的财政支出政策》，《环境与发展》2014 年第 1 期。

② 张楠：《促进我国清洁能源发展的财税政策研究——基于雾霾天气背景》，《财经政法资讯》2013 年第 3 期。

③ 宋怡欣：《碳金融法律制度国际演进对我国雾霾治理的启示》，《生态经济》2015 年第 2 期。

④ 张科：《促进我国低碳经济发展的公共财政政策研究》，硕士学位论文，电子科技大学，2015 年。

缺陷与不足，就有可能影响到雾霾防治政策作用的有效发挥。然而，国内外关于雾霾防治政策优化策略的研究还集中在产业、技术、财政、税收等某一二个方面，很少有人从财政、税收、金融、产业、人才、技术和公共服务等多个方面系统深入地探讨这个问题，这就迫切需要对此方面的内容展开进一步的探讨和分析。

第三章　中国雾霾现状及成因

一　中国雾霾污染情况及特征

随着社会经济的发展，中国的大气环境污染愈来愈严重，雾霾天气已成为人们“挥之不去”的阴影。近50年来，中国雾霾天气总体上呈增加趋势，尤其是2013年以来，雾霾天气出现的频率愈来愈大。从空间分布来看，中国雾霾天数呈现出东部增加西部减少趋势，很多年以前，只是受轻度雾霾污染的城市也已经逐渐演变成了严重污染。总的来看，中国华北、长江中下游和华南地区呈增加趋势，其中京津冀、长三角、珠三角地区最为严重，增长也最快，西北和西南地区初露端倪，雾霾天数也有所增加。[①] 中国雾霾天数具体分布如图3－1所示。

雾霾是由雾和霾组成的，雾是由大量飘浮于近地面空气中的微小水滴或由冰晶构成的，能见度低于1000米的天气现象，而霾是由大量极细微的干性粉尘均匀地悬浮在空气中，使空气混浊以及视野模糊并导致能见度恶化，造成能见度低于10千米，相对湿度小于80%，排除由于降水、扬尘、烟雾、降雪、沙尘暴等原因造成的可视障碍的空气整体混浊现象。雾霾天气作为一种对中国相当部分人民生产生活造成巨大影响的大气环境污染现象[②]主要具有以下特征。

---

① 张建忠等：《雾霾天气成因分析及应对思考》，《中国应急管理》2014年第1期。

② 周景坤：“Analysis of Causes and Hazards of China's Frequent Hazy Weather，” *Open Cybernetics & Systemics Journal*，2015（9）：1311－1314.

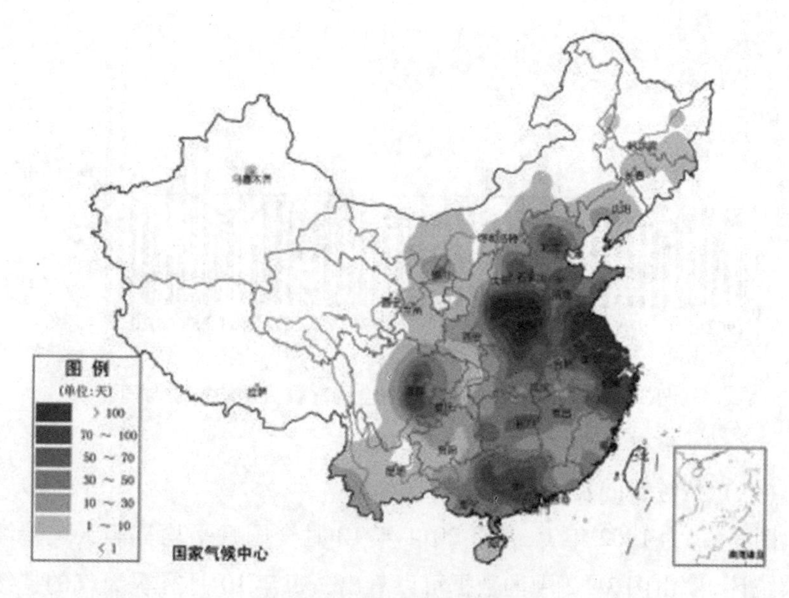

图 3-1　中国雾霾天数分布

（一）波及范围广

近几年来，中国环境污染愈发严重，雾霾天气的产生所涉及的地域范围是相当广阔的，并不局限于单一的某个地方，而是覆盖了中国大部分经济发达区域。如在 2013 年 1 月，中国大陆地区发生了长时间严重的雾霾天气，影响的范围超过中国 1/4 的区域，包括了 17 个省、市、自治区，受影响人数约 6 亿。2014 年 2 月 22 日卫星遥感相关资料显示，中国中东部地区的空气污染极度严重，且已经达到 121 万平方千米的污染面积，其中包括面积为 85 万平方千米的雾霾天气重度污染地区。2014 年 10 月，大范围的雾霾就三次来袭，使全国近 1/4 的国土受到影响，大约 6 亿人口深受其害。①

① 周景坤："Analysis of Causes and Hazards of China's Frequent Hazy Weather," *Open Cybernetics & Systemics Journal*, 2015（9）：1311－1314.

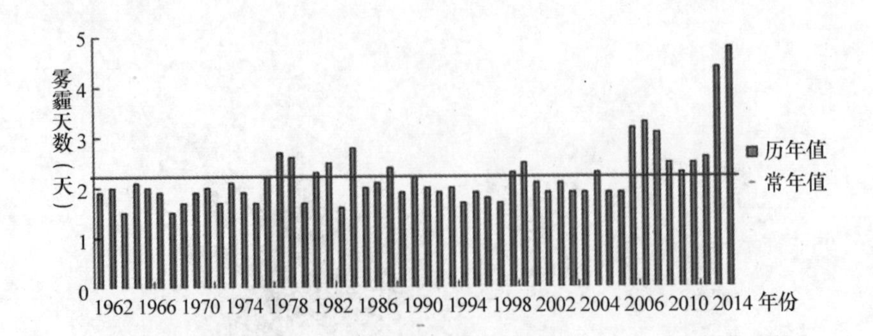

图 3-2　1962—2014 年 10 月全国雾霾月平均持续时间

（二）持续时间长

图 3-2 为 1962 年 10 月至 2014 年 10 月全国月平均雾霾天气持续时间的统计。①由图 3-2 中的数据可以看出，每年 10 月雾霾天气的持续时间一般在 2 天左右，而从 2005 年起开始有加重的趋势，雾霾天气持续时间开始普遍超过 2 天，在近两年更是出现了前所未有的峰值。由此可以看出，雾霾天气的持续时间不仅很长，而且现今正处于一个不断上涨的态势，虽然持续时间有长短变动，但依旧无法掩盖中国雾霾天气持续时间长这一明显特征。②

（三）多发于秋冬季节和降雨量较少的地区

雾霾天气形成的主要原因在于空气中悬浮颗粒危害物得不到有效扩散，除了风之外，对空气中悬浮颗粒危害物最有效的净化方法就是雨水的冲刷，因为雨可以带走空气中的扬尘等物质。这也就是多年来中国雾霾天气频发的地方大多是在中东部非雨季节区域的原因，而其他污染较为严重的地区和城市未出现雾霾，其原因也是这些地方的降雨量较多和降雨时间较为密

① 张建忠、孙瑾缪、宇鹏：《雾霾天气成因分析及应对思考》，《中国应急管理》2014 年第 1 期。

② 周景坤："Analysis of Causes and Hazards of China's Frequent Hazy Weather," *Open Cybernetics & Systemics Journal*, 2015（9）：1311－1314.

集。因此，雾霾天气频发的地区大多为降雨量少或者降雨时间间隔太长，造成其无法净化积压在空气中的悬浮危害颗粒物的地方。另外，秋冬季节少雨，气候比较干燥，易出现逆温现象，北方冬季需要燃煤取暖等，会产生大量废气和细颗粒物。这些都有可能导致雾霾天气的出现，所以中国雾霾天气在秋冬季节容易出现，也就是上半年出现雾霾的天数要比下半年多。①

（四）雾霾发生频率较高

近年来，中国雾霾发生的频率呈增加趋势，特别是京津冀地区，在北京，2013 年有的月份甚至只有 5 天不是雾霾天，其余均是不见天日的状况。中国年均雾霾日数变为 9 天，呈逐渐增加的趋势，而 2013 年 1—10 月全国平均霾日数已达 26 天。② 和往年相比，中国当前雾霾发生的日数要明显偏多，而这其中霾日数的增加则更为明显。无论是受雾霾影响较大的京津冀和中东部还是其他地区，雾霾天气发生的概率都逐年提高。

二　中国经济发展较快地区的雾霾污染情况

中国经济发展较快地区主要包括京津冀地区、长三角和珠三角地区。

（一）京津冀地区雾霾污染情况

京津冀地区包括石家庄、秦皇岛、廊坊、保定、唐山、沧州、承德、张家口、衡水、邢台、邯郸、天津、北京 11 个地级市和两个直辖市，土地面积为 21.6 万平方千米，常住人口约为 1.1 亿，其中外来人口 1750 万。雾霾对于京津冀地区来说并不新鲜，它是人民群众普遍关心的焦点问题。多年来，京津冀三地饱受雾霾之苦。国家环保部门数据表明，在

① Zhou Jingkun, "Analysis of Causes and Hazards of China's Frequent Hazy Weather," *Open Cybernetics & Systemics Journal*, 2015 (9): 1311 - 1314.

② 张建忠等：《雾霾天气成因分析及应对思考》，《中国应急管理》2014 年第 1 期。

2013 年空气质量最差排名前 10 位的城市中，京津冀地区占 7 个。[①] 京津冀地区作为中国人口集聚规模最大，城市群分布最为密集，产业群分布最为集中的区域之一，是中国经济增长的第三极，然而，在经济总量快速增长的同时也造成了区域环境的污染。2013 年，环保部公布的城市空气质量监测结果显示，京津冀区域的空气污染最重（平均达标天数比例仅为 37.5%）。2014 年，中国环境公报发布的环境质量报告指出，2014 年，京津冀区域 13 个地级及以上城市 $PM_{2.5}$ 年均浓度为 93 微克/立方米，只有张家口市达到标准，其他 12 个城市均超标。根据环保部 2014 年发布的空气质量统计数据，在 $PM_{2.5}$ 年均浓度最高的 10 座城市中，河北省就占了 7 座，其中，河北省邢台市是全国 $PM_{2.5}$ 浓度最高的城市。图3-3为河北省 64 个检测县主要污染物——颗粒物（PM_{10}）与细颗粒物（$PM_{2.5}$）占比图。由图 3-3 中的数据可以看出，2014 年河北省天气污染物主要为 PM_{10} 和 $PM_{2.5}$，污染物 $PM_{2.5}$ 所占的比重相对较高，除了 5 月的 20.3% 外，其余均在 80% 以上，达到了严重污染的程度。[②]

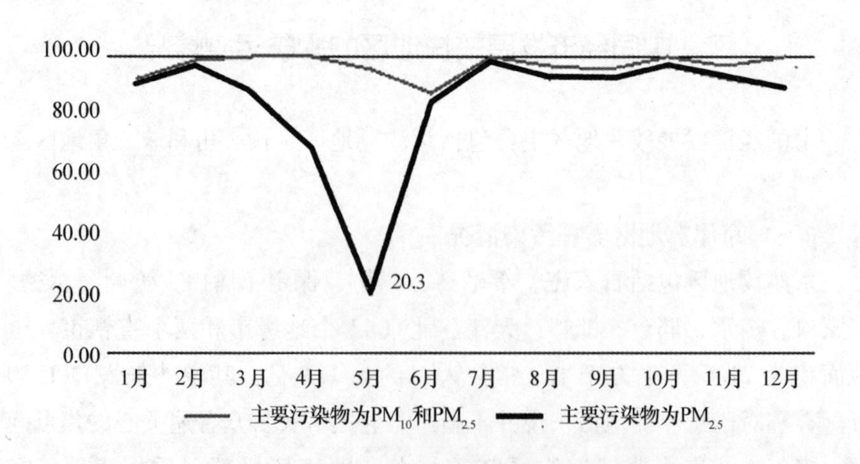

图 3-3　河北省 64 个检测县主要污染物占比

① 中华人民共和国环境保护部：《2013 年京津冀、长三角、珠三角等重点区域及直辖市和省会城市空气质量报告》2014 年第 3 期。

② 杨奔、黄洁：《经济学视域下京津冀地区雾霾成因及对策》，《经济纵横》2016 年第 4 期。

（二）长三角地区雾霾污染情况

2013年以来，中国雾霾现象集中爆发，长三角地区的雾霾天气污染席卷了上海、南京、杭州等长三角地区的主要城市，上海市甚至出现了六级以上的重度污染天气，空气质量指数创下历史最高值。南京、杭州等城市也遭遇了严重雾霾污染。下面是2014年长三角城市群的大气污染情况。表3-1显示了2014年长三角地区的雾霾情况，其中南京、无锡、泰州的雾霾天气污染在长三角城市群中排前三位，南京处于首位，舟山市由于其特殊的地理位置是长三角地区城市群中空气质量最好的一个城市。从整体上看，长三角地区雾霾情况日趋严重，雾霾的防治工作刻不容缓。

表3-1　　2014年长三角城市群空气污染情况

	轻度污染（天数）	中度污染（天数）	重度污染（天数）	严重污染（天数）	有雾霾天数	有污染物（天数）	AQI平均值
上海	65	18	5		155	319	83.19
南京	124	25	18	2	259	340	107.27
无锡	102	32	10		249	349	101.61
常州	89	29	13		257	343	98.28
苏州	94	22	10		225	348	96.33
南通	68	20	15		233	330	91.82
扬州	78	22	11		296	334	93.25
镇江	87	28	12		300	336	97.90
泰州	88	32	16		324	328	99.34
杭州	109	17	7		207	344	94.82
宁波	54	7	1		142	289	75.28
嘉兴	77	24	6		165	331	91.58
湖州	104	22	9		191	326	95.43
绍兴	91	23	13		191	335	96.16
舟山	22	4			78	229	62.24
台州	50	2	3	1	171	277	72.84

注：AQI值取四个季度的平均值，污染天数指主要污染物$PM_{2.5}$或PM_{10}。

（三）珠三角地区雾霾污染情况

改革开放以来珠三角地区的经济得到了快速的发展，但在快速工业化、城镇化的同时却给珠三角地区带来了严重的环境污染，大气污染形势严峻。根据广东气象部门的统计，珠三角地区的大气质量不断下降，主要城市$PM_{2.5}$日均浓度难以达到国家空气质量二级标准。而统计数据显示，经过近几年的治理，珠三角地区雾霾天气虽然有所缓解，但主要城市雾霾天数仍保持在100天以上，珠三角地区大气污染物排放总量仍超过环境容量，一部分检测指标开始超出国家空气质量标准值，部分城市可吸入颗粒物年平均浓度开始高于国家标准（0.1毫克/立方米），污染物浓度也开始超出标准值（如表3－2所示）。

表3－2　**珠三角地区2015年主要污染物浓度比较**

$PM_{2.5}$	35微克/立方米
PM_{10}	53微克/立方米
SO_2	16微克/立方米
NO_2	38微克/立方米

据了解，珠三角地区雾霾天数在全国增加是最快的。北京大学公共卫生学院对广州城市$PM_{2.5}$的健康危害和经济损失进行了分析，发现2010年广州因$PM_{2.5}$污染所造成的死亡人数为1715人，经济损失达13.6亿元。2013年珠三角地区$PM_{2.5}$达标城市数量为零。据国家气象局统计，珠三角地区2015年上半年除惠州外，其余城市$PM_{2.5}$均未达到国家二级标准，气象台发布的雾霾黄色预警信号数量迄今为止是最多的。2016年9月，珠三角地区空气达标率更是第一次被长三角反超。从以上资料中我们不难发现，雾霾天气在珠三角地区时有发生，且已成为危害珠三角地区城市环境及气象安全的灾害性天气现象。

三　中国雾霾污染的原因分析

雾霾天气通常是由于人类不适当活动所造成的污染物超标排放和有利于雾霾产生的气象条件共同作用的结果。造成中国大面积雾霾天气多次出现的主要原因是人为因素的影响，即雾霾污染物排放量超过了该地区雾霾污染物的自净能力。①

（一）城市汽车拥有量增长较快，汽车尾气排放量太大

汽车尾气主要是指由汽车的发动机产生，然后通过汽车发动机排气管排出的有毒有害气体。根据21世纪宏观研究院测算的“民用汽车百人拥有量”区域排行榜，2014年全国民用汽车拥有量排行中，京津浙位居前三。超过100万辆的城市有31个，其中超过200万辆的城市有8个，超过500万辆的城市有北京。表3－3为2009—2014年北京市、天津市和河北省的民用汽车拥有量。另外，图3－4为长江三角洲地区民用汽车拥有量变化图。由表3－3和图3－4中数据可以看出，近年来京津冀和长江三角洲地区的民用汽车拥有量迅速上升。2014年北京市汽车总量是537.1万辆，在全国城市中拥有的车辆数量最多。而且北京市汽车的使用率非常之高，北京市居民在5千米以内开车的占44%，在2千米以内开车的占12%，

表3－3　2009—2014年京津冀三地的民用汽车拥有量统计　（辆）

年份	北京市	天津市	河北省
2009	3720945	1300000	3958000
2010	4528670	1582400	4928800
2011	4705341	1907754	6071907
2012	4935600	2211200	7285100
2013	5189000	2733100	8162934
2014	5324000	2848900	9970000

① 王伶雅：《应加强大气自我净化研究》，《成都日报》2014年3月11日。

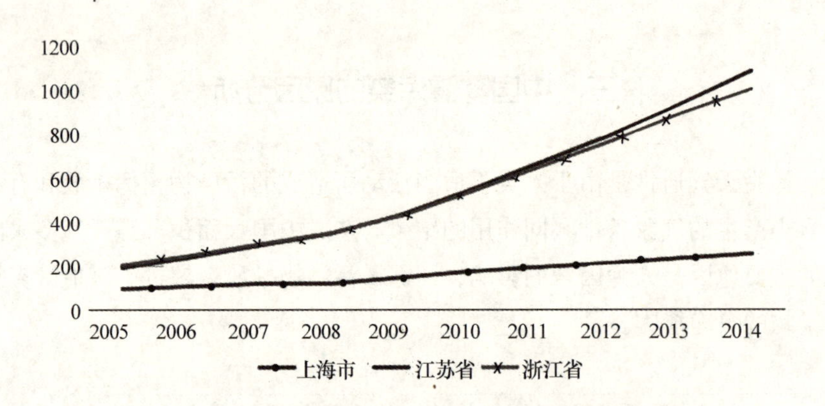

图 3－4　长江三角洲地区民用汽车拥有量变化情况（万辆）

资料来源：国家统计局网站。

在 1 千米以内开车的占 7%。[①] 在汽车数量如此庞大，使用率如此高的情况下，北京市本地的雾霾污染源中汽车尾气占到了近 1/3。

（二）尾气排放标准较低，管控不力

我们通过观察汽车可以发现，使用汽油的小轿车通过排气管排出的是白烟，而使用柴油的汽车排出的是黑烟，并且使用柴油的汽车通常还会散发出非常难闻的气味。汽车尾气的排放会产生对人体有害的金属污染。中国政府强调汽车要使用无铅汽油，但是中国并没有铅含量为零的汽油，所以汽车尾气中都含有少量的金属铅。汽车尾气中含有 150 多种不同的化合物[②]，而其中的二氧化硫、氮氧化物等则是雾霾天气的重要来源。现在中国政府要求汽车都要安装汽车尾气净化装置，但是有不少车企造假，造成汽车排放的可吸入颗粒物数量大大超过标准。以柴油汽车为例，一辆没有任何限制污染物排放措施的柴油汽车，可吸入颗粒物的排放量是国 4 标准车的 500 倍。虽然中国柴油车的数量相对不多，但是在所有机动车中氮氧化合物所占比重较高，而可吸入颗粒物占比则更高。从表 3－4 中国的汽

① 梁娅楠：《北京市低碳交通实证研究》，学位论文，首都经济贸易大学，2015 年。

② 李瑛、李莎、赵石磊：《关于汽车尾气对空气质量的影响》，《城市建设理论研究》2014 年第 26 期。

车排放标准发展历程就可以看出，中国出台排放标准要比欧洲晚。

表 3－4　　汽车排放标准发展历程

发展进程	排放标准	中国实施日期	欧洲实施时间	相差年份
国 1（欧Ⅰ）	GB18352 1－2001	2001－01－01	1992	9
国 2（欧Ⅱ）	GB18352 2－2001	2004－07－01	1996	8
国 3（欧Ⅲ）	GB18352 3－2005	2007－07－01	2000	7
国 4（欧Ⅳ）	GB18352 3－2005	2010－07－01	2005	5

资料来源：蔺宏良《我国机动车污染排放现状及控制对策分析》，《西安文理学院学报》2008 年第 3 期。

（三）经济发展方式简单粗放，高污染的第二产业占比太大

中国多地的发展方式比较粗放，高污染的第二产业占比太大。传统的高耗能高污染低效率的粗放生产方式，使得大气污染物排放的负荷大大增加。图 3－5 为京津冀三地 2000—2014 年第二产业增加值，从中可以看出京津冀三地的第二产业增加值逐年加大，尤以北京市的增长速度最快。北京市的主要生产总值靠第三产业，而其能源消耗量却远远低于第二产业。第二产业所占的 GDP 比重远远低于第三产业，但其能源消耗量却非常大。高耗能高污染的第二产业比如水泥、钢铁、石化等耗能高的工业并没有创造出效益高的财富，反而对资源供给和生态环境造成了巨大的压力，加重了大气污染，进而影响到雾霾天气的持续时间。尽管河北省是中国钢铁第一大省，但在全国钢铁现货交易市场前十强中，河北并未名列其中。河北省的经济发展方式也是比较粗放的，工业内部机构重工业占比高，第三产业发展不足。河北的钢铁、化工和建材等高污染产业对环境的污染特别严重。钢铁、石化、钢材三大资源产业的增加值一直占工业增加值比例的 50% 左右。第三产业增加值占 GDP 的比重，2010 年低于全国 8.7%。从图 3－5 可以看出，京津冀三地的第二产业增加值所占比重逐年上升，高污染高耗能的第二产业所占的比重不断增大，尤其是河北省的增长速度迅猛，2012 年达到 14000 亿元，2013 年突破 14000 亿元。

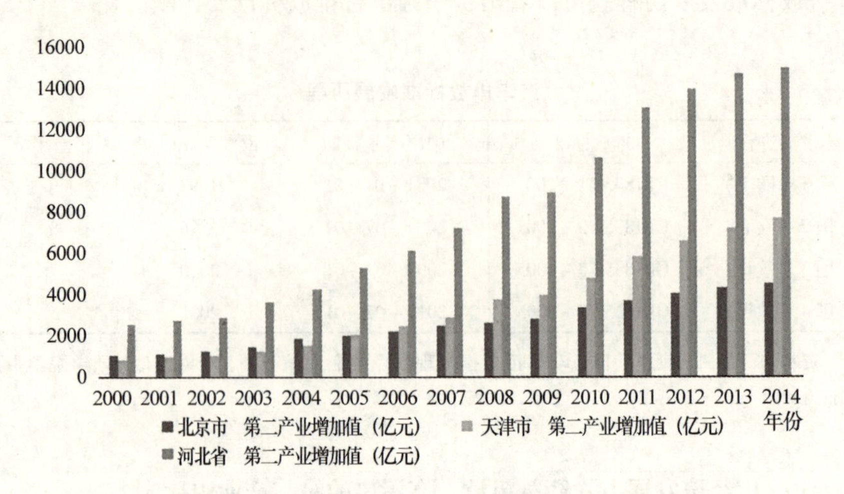

图 3－5 京津冀三地 2000—2014 年第二产业增加值

资料来源：国家统计局网站。

另外，长三角地区的经济均以重工业制造业为主，其排出的大量工业污染物成为该地区雾霾天气爆发的元凶。除此之外，长三角地区第二产业的其他产业部门如建筑业、采矿业等也相当发达，雾霾污染源排放量严重超标。图 3－6 显示，长三角地区大部分城市的第二产业增加值逐年递增，其中，上海市和苏州市增长速度最快。

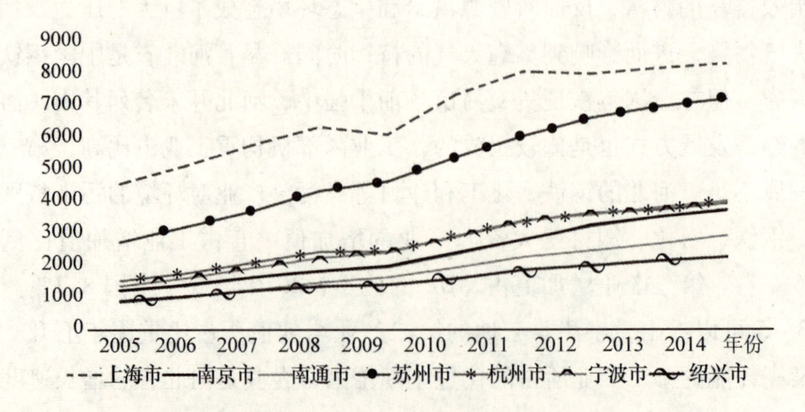

图 3－6 长三角地区 2005—2014 年第二产业增加值（亿元）

资料来源：国家统计局网站。

（四）煤炭的大量使用

相关的数据表明，化石燃料的燃烧是导致空气中出现雾霾的重要原因，如对长江三角洲地区雾霾情况进行分析，可以发现，在长江三角洲地区最近几年的能源结构中，化石能源占据了极其重要的地位。同时，长江三角洲地区长时间保持的旺盛的工业生产力也证明其在进行工业生产中所消耗的化石能源的量惊人。[①] 如表 3－5 所示，2014 年，中国中东部地区的煤炭消耗总量约为 26.3 亿吨，占全国煤炭消费总量的 60.3%，平均煤炭消费强度为 3.69 t/（d·k㎡），而长三角地区的煤炭消费强度为 6.21 t/（d·k㎡），远远高出中东部的消费水平，也远远高出经济发展速度与之相近的珠三角地区。

表 3－5　　2014 年中国中东部各地区煤炭消费量及消费强度

指标/地区	长三角地区	中部地区	珠三角地区	中东部地区	全国
煤炭消费量（万吨）	47839	53123	17634	263229	436454
占比（%）	11.0	12.2	4.0	60.3	100
煤炭消费强度（t/d·k㎡）	6.21	2. 58.	2.67	3.69	1.24

资料来源：国家统计局网站。

表 3－6　　北京市煤炭日均消费量（2005—2014 年）

年份	2005	2006	2007	2008	2009	2010	2011	2012	2013	2014
煤炭(吨)	84081.4	83717.0	81771.8	75073.8	73005.5	72181.1	64809.3	62018.9	55321.3	47576.5

资料来源：国家统计局网站。

在北京煤炭的大量使用使其成为最主要的能源。2000 年煤炭的使用量占总能源的 2/3。虽然近年来北京市一直用更清洁环保的能源代替煤炭，但是在 2014 年煤炭仍占总能源的 1/4。据北京市 2015 年的统计年鉴

① 张莉：《长三角治霾亟待区域联防机制》，《中国证券报》2014 年第 1 期。

显示，北京市2014年煤炭的日均消费量是47576.5吨，换算下来，北京市一年的煤炭消费量就是1700多万吨，而这只是2014年一年的耗煤量。在2014年以前，北京市一年燃烧煤炭的最多消耗曾经达到3000多万吨。2005—2014年，北京市煤炭日均消费量如表3－6所示。我们都知道，燃烧煤炭会产生大量的废气和可吸入颗粒物。煤是众多化石燃料中的一种，其主要成分是炭，其中还包括少量硫、磷、氢氮等物质，还有二氧化硅、碳酸盐，优质煤每吨可燃物都在90%以上。一吨煤燃烧大约会产生一万立方米有毒有害气体、200千克的固体颗粒。如果燃烧的是劣质煤，产生的能量只有优质煤的一半，也就是说，如果需要同样的能量，劣质煤产生的空气污染是优质煤的一倍，同时劣质煤所产生的致癌物数量远远高于优质煤。北京市有大量的小锅炉和小煤炉，为了降低成本而使用劣质煤，这些劣质煤没有经过洗煤程序就直接使用，会产生大量的废气和颗粒物。这些废气和颗粒物会在大气中不断积累，如果在短时间内没有扩散，就会逐渐沉积，最后形成雾霾。

（五）区域产业规划不合理

区域产业规划是指站在区域整体发展的角度，在对区域内各地区的资源禀赋有深入了解的情况下，本着扬长避短、整体最优的原则所进行的区域发展的设计和规定。中国区域的产业“同构化”现象特别严重。“同构化”现象一方面会造成行业内的巨大内耗，制约企业规模效应的发挥；另一方面，各地区各自为战，破坏了地区间的分工与协作。[①] 如京津冀三地过去在产业政策上求大求全，均强调“一个不能少”，导致产业结构自成体系、自我封闭，产业“同构化”现象特别严重。优势产业布局分散，如钢铁产业是京津冀地区的优势产业，在京津冀几乎所有的地区都分布着钢铁企业。大型国有企业就有首钢、天钢、唐钢、邯钢、承钢等多个，它们相互之间争资源、争项目、争投资，过度竞争和封闭竞争严重。大量的重复投资和重复建设不仅造成不必要的浪费，还造成了整个区域资源的浪

① 梁晓林、谢俊英：《京津冀区域经济一体化的演变、现状及发展对策》，《河北经贸大学学报》2009年第6期。

费和经济发展水平的相对滞后。京津冀内部经济和产业主要集中在北京、天津两地，河北经济相对落后，其主导产业分布比较分散，各地区还广泛分布着钢铁、建材、机械加工、纺织服装等传统性产业，而主导产业的集中程度很低，产品同质化倾向比较明显，难以有效地发挥地区的优势要素。从产业层次来看，高新技术产业、新兴产业集中在京津两地，河北地区只有少数零星分布。2011 年，北京、天津占京津冀整体经济产量的 44%、40.8%。河北产业园区布局比较分散，在承接北京、天津大型产业转移的过程中，各地区可能会导致不合理的竞争关系，产业集群式转移能力不足，产业链环难以对接，从而影响着整个京津冀地区经济一体化的发展。三地间在基础设施建设、产业发展、生态环境保护、创新合作等多个方面还相对独立，缺少相关产业合作机制与平台，产业链分工不足，三地的产业合作程度较低。①

（六）房屋建筑施工面积较大，城市建筑扬尘污染严重

建筑施工活动也严重影响着空气质量。近年来，随着城市化进程的加快，城市人口的增多，房地产和道路的加快建设，使得建筑扬尘成为大气污染的重要来源。② 地面扬尘主要来源于城市裸露地面，大规模旧城拆迁，建筑施工扬尘，交通运输和道路清扫作业等。如表 3－7 是 2010—2014 年北京市房屋建筑施工面积统计情况。北京市统计局数据显示，2014 年，全市累计房屋建筑施工面积达 56477.12 万平方米，是 2010 年的 3 倍多。根据北京市城管执法局的统计，2014 年，在大气污染防治专项执法中，城六区及房山区的 20 处施工工地中，11 处施工工地扬尘污染严重。大量的建筑材料未进行覆盖，建筑垃圾露天堆放，施工现场未配备降尘防尘装置等都不可避免地对环境造成了污染。若遇风则会出现尘土飞扬现象，从而加剧了雾霾天气。

① 杨奔、黄洁：《经济学视域下京津冀地区雾霾成因及对策》，《经济纵横》2016 年第 4 期。

② 韩力慧、庄国顺、程水源等：《北京地面扬尘的理化特性及其对大气颗粒物污染的影响》，《环境科学》2009 年第 30 期。

表3-7　2010—2014年北京市房屋建筑施工面积统计　（万平方米）

年份	2010	2011	2012	2013	2014
施工面积	15572.1	18041.56	19306.8	48791.3	56477.12

资料来源：北京市统计局网站。

（七）属地管理模式不利于雾霾天气的联防联控

属地管理模式不利于对雾霾联防联控，下面以京津冀地区为例加以说明。京津冀地区由于其经济发展水平和产业结构都表现为极不平衡的发展态势，加上长期受行政体制的影响，京津冀政府之间在资源共享与协调方面存在着合作难题，从而造成政府间合作治理雾霾污染的机制出现潜在的体制壁垒。空气是一种公共物品，在其遭受污染产生负外部性后，经济比较落后的地区就会抱着“搭便车”的侥幸心理，让别人付出成本去治理，这是“经济人”从理性角度出发的考虑。空气在一定区域内流动，而“搭便车”行为的发生会影响其他城市的空气质量。[①] 京津冀地区各自为政，区域的整体意识淡薄，决策者总是各执一方，在实际的总体发展规划上，较少从区域的整体利益出发进行统筹兼顾，有的甚至不顾资源条件等的限制和制约，盲目抢夺项目和资源，导致恶性竞争。划定行政区，进行属地治理也容易导致管制不力，出现政企博弈现象。地方政府部门为追求经济可能会纵容企业排污行为。[②] 而一些监管部门的不作为和排污企业的博弈行为也恶化了雾霾的影响程度。排污企业和监管部门长期处于“打游击”的博弈状态，不利于京津冀地区雾霾的治理。

（八）党政领导绩效评价机制不合理

自1978年改革开放以来，GDP至上的理念成为中央到地方各级政府深入贯彻的主要思想，从而推动了中国在全国范围内确立GDP至上的政绩评价机制。这一机制的确立对雾霾防治造成了严重的影响，这也是中国

① 易志斌、马晓明：《论流域跨界水污染的府际合作治理机制》，《社会科学》2009年第3期。

② 张凌云、齐晔：《地方政府监管困境解释——政治激励与财政约束假说》，《中国行政管理》2010年第3期。

多地雾霾天气产生的重要原因之一。地方政府负有推动当地经济发展的责任，GDP 至上的政绩评价机制的主要内容是地方政府领导的政绩与其 GDP 增长紧密联系，这就造成中国不少地方政府的领导为了其政绩而牺牲环境的行为发生。在将 GDP 和经济增长作为他们绩效评估的核心时，就会导致其他方面的管理问题频生。如河北省下属的多个政府在片面的绩效评估指标下，放弃了理性的经济增长方式，从而追求自身利益的最大化，没有贯彻执行中央发布的相关环保条例，忽视了对环境的保护以及环境发展和经济增长的可协调发展，导致省政府无视环境而发展经济的行为倾向，甚至在招商引资方面政府大开后门，很多项目未经审批就允许建设。河北省钢铁企业“黑户”不断增加，政府还对某些企业给予资金上的补助，即使是那些不盈利而只靠政府财政补贴才能存活下来的企业，依旧接受着政府的救济。政府对在监督检查过程中发现的某些企业的违规操作采取漠视的态度，沉默纵容了企业对环境的破坏，加重了雾霾的污染。

（九）雾霾防治政策体系不健全

政策体系是雾霾治理具体实施的主要依据。雾霾治理的政策体系主要包括财政、税收、金融、产业、人才支持、技术和公共服务等方面。比如在立法层面上，中国于 1979 年颁布了《中华人民共和国环境保护法》，而 30 多年间未对环境保护法的主要内容进行大的修改和补充，它在这期间很难满足社会、经济发展的需要。2015 年颁布的大气污染防治法在雾霾防治的利益相关者责任和罚金等环节上还存在着不少问题。另外，京津冀地区不同地方政府有着不同的地方性法律规定，它们之间差别较大，而雾霾污染存在着范围大、流动性强等特征，这容易造成京津冀地区各级政府很难采取统一行动来防治雾霾。

（十）特殊的地理位置及气象因素

特殊的地理位置及气象因素主要表现在两个方面：一方面是水平方向静风现象增多，如京津冀地区最为严重。首先，河北省的北面为燕山，西面为太行山，内环京津，东临渤海，地处华北、漳河以北，且河北高原、平原、山地比例为 1∶4∶5，使得河北西、北方向风流受阻，与京津地区雾霾相互影响。其次，城市楼层越建越高，地面封闭，使流经城区的风受到阻碍和摩擦作用而严重减弱。另一方面是垂直方向出现逆温层。逆温层即高空气温高于低空气温的逆温现象，地面气压低，这种现象让低空大气垂直运动受到限制，使得空气中的烟尘、污染物、水汽凝结物等难以向高空扩散而积聚于低空和近地面，越积越多，加剧了空气的污染。雾霾天气在秋冬季节频繁出现，也是由于该季节空气气压低使得空气流通速度缓慢，空气中的悬浮颗粒物因此大量聚集，难以飘散。不管是何原因导致的逆温层，都会对空气质量产生极大的影响。如果连续几天出现逆温现象，就极易发生空气污染事件。例如 1948 年 10 月，在美国工业小镇多诺拉发生的逆温现象，居民和工厂排放的空气污染物（硫氧化物和烟尘等）不能及时得到扩散，在短短 4 天时间里就使本来只有 14000 人的小镇里 5900 人患病，20 多人死亡。在英国伦敦发生的烟雾事件，在比利时发生的马斯河谷烟雾事件，在洛杉矶发生的光学烟雾事件等都与逆温现象有关。①

四 中国雾霾天气的危害

（一）危害人体健康

雾霾天气对人类健康的危害，首先是人的呼吸系统会直接从空气中将雾霾的有害物质吸入体内，特别是其中一些有害的化学物质、病菌和细颗粒物，会使人出现呼吸困难，甚至诱发急性支气管炎等呼吸道疾病；其次是雾霾天气对心血管系统的伤害比较大。雾霾天气压较低，容易出现胸闷，高血压人群在雾霾天外出就很容易发生心肌梗死、肺心病等。由于雾霾天气会导致日照时间减少，紫外线减弱，儿童体内对钙的吸收减少，易出现生长缓慢的症状；还有空气中的病菌活性变强，传染病会大幅增加。最后，雾霾天气也会在一定程度上影响人们的心理健康。持续的雾霾天气会使光线减弱，造成一种压抑的氛围，容易让人产生悲观情绪，更会让心

① 王京：《1948 年美国多诺拉烟雾事件》，《环境导报》2003 年第 20 期。

理疾病患者症状加剧，影响其正常康复。①

（二）加剧生态环境的恶化

雾霾天气的出现使区域的气候恶化，长此下去，我们的环境会变得混乱不堪。在污染物浓度很高的时候可能会使植物叶表面形成伤斑，甚至落叶；而污染物浓度较低时，也可能会对植物造成一些慢性的危害，致使植物绿色淡化，或者表面上看不出来，但植物内部机理已经遭到破坏，引起品质下降而减产。人们在日常生产生活中向空中排放的大量烟尘微粒容易导致空气日渐浑浊，会遮挡阳光，导致光照减少。有统计显示，在以工业为主的城市尤其是雾霾天气不散的日子里，太阳对地面的照射量比平时少40%。②

（三）危害交通和旅游安全

雾霾天气的典型表现就是能见度大大下降，容易发生交通事故。在雾霾天气下，飞机的正常飞行会受到严重影响。中国有很大一部分物资需要从高速公路上运输至目的地，一旦遇上雾霾天气，高速路上的能见度会降低，就不能按时或者安全地将其运送到目的地。雾霾在部分城市特别严重，这些地方的旅游业就会受到影响，因为不会有人到严重雾霾污染的地方去旅游，这也间接地影响到交通运输业的发展。

（四）影响农作物生长

雾霾导致日照时数减少，农作物无法进行充分的光合作用，不能有效积累碳水化合物，最后会延迟生长以致生长不良。还有很大一部分会因为雾霾中携带的有害化学物质而无法生长，严重影响到农作物的产量和质量。由于雾霾中的有害物质破坏了农作物以及其他生物的生长环境，许多物种的优秀基因无法遗传，导致很多生物不能生存和繁衍后代。

① 周景坤："Analysis of Causes and Hazards of China's Frequent Hazy Weather," *Open Cybernetics & Systemics Journal*, 2015（9）：1311－1314。

② 周景坤："Analysis of Causes and Hazards of China's Frequent Hazy Weather," *Open Cybernetics & Systemics Journal*, 2015（9）：1311－1314。

第四章　中国雾霾防治的政策需求

一　中国雾霾防治政策需求体系构建

雾霾防治政策需求是指雾霾防治主体（机构）在雾霾防治活动过程中需要政府部门提供的政策支持和法律保障的总和，即需要政府部门为雾霾防治主体（机构）提供什么样的政策支持和法律法规服务等。本书在文献调研法和专家会议法的基础上分析中国雾霾防治政策需求的结构要素，以此构建中国雾霾防治政策需求的理论体系。

雾霾防治政策需求结构要素分析。雾霾防治政策需求是指各利益相关者（包括各级政府部门、企业、公众等）对中国雾霾防治的现实问题的客观认识。目前专家学者还没有对雾霾防治政策需求结构要素分类进行研究，但有不少学者在科技创新政策分类方面进行了相关研究工作，如徐福志将创新政策分为产业、财税、金融、科技、人才和公共服务六类；[1] 崔颖把人才政策环境分为财政、税收、金融、知识产权、产业、科技和人才等类型；[2] 汪亮把高技术产业政策分为财政、人才、金融、产业和科技等类型；[3] Rothwell 和 Zegweld 在研究中将创新政策分为供给型政策、环境型政策和需求型政策；[4] 赵筱媛等人（2007）进一步对供给型、环境型和

---

① 徐福志：《浙江省自主创新政策的供给、需求与优化研究》，硕士学位论文，浙江大学，2013 年。

② 崔颖：《基于模糊综合评价的科技创新人才政策环境评价研究——来自河南省的数据》，《科技管理研究》2013 年第 11 期。

③ 汪亮：《广东省高技术产业公共政策绩效研究》，硕士学位论文，广东海洋大学，2012 年。

④ R. Rothwell & W. Zegweld，*Industrial Innovation and Public Policy*：*Preparing for the 1980s to 1990s*，London：France Printer，1981，p. 109.

需求型的创新政策进行细分，把供给型的创新政策分为教育培训、科技信息支持、科技基础建设、科技资金投入和公共服务等；把环境型的创新政策分为目标规划、财务金融、税收优惠、知识产权保护、法规管制；将需求型的创新政策分为政府采购、贸易管制、外包等。① 雾霾防治政策作为公共政策的一个部分，本书在借鉴相关科技创新公共政策分类方法的基础上，把中国雾霾防治政策的需求类型分为财政、税收、金融、产业、技术、人才和公共服务七种（如图4－1所示）。

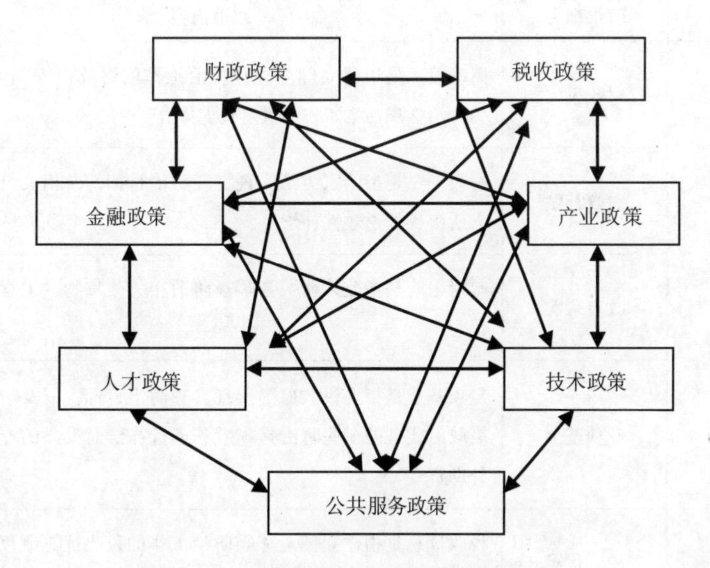

图4－1　中国雾霾防治政策需求系统结构

在划分雾霾防治政策需求类型的基础上，进一步探讨不同类型政策的具体内容。财税类雾霾防治政策可分为财政投入、专项基金、财政补贴和政府采购；税收类雾霾防治政策可分为税收优惠、清洁能源税、环境税、现有税收改革；金融类雾霾防治政策可分为绿色证券、绿色保险、绿色债券、绿色信贷、担保制度；产业类雾霾防治政策可分为产业规划、产业组织、产业结构调整、专项规划和资源配置等；人才类雾霾

① 赵筱媛、苏竣：《基于政策工具的公共科技政策分析框架研究》，《科学学研究》2007年第1期。

防治政策可分为人才引进、人力规划、人才培养、激励机制、绩效评价；公共服务类雾霾防治政策可分为信息公开、监测预警、雾霾防治标准体系、区域联防联控机制、项目审批、法律法规、排污权交易和政策评价；雾霾防治技术政策可分为知识产权、技术引进、技术合作和技术转化等（如表4-1所示）。

表4-1　**雾霾防治政策分类及内容**

大类	政策细类	政策内容
财税类	财政投入	财政投入是指建立健全雾霾防治工作的财政投入制度体系，为防治雾霾污染工作提供财政支持
	财政补贴	财政补贴是指国家为了实现雾霾防治目标，向相关组织或个人所提供的财政性补偿
	政府采购	政府采购是指政策购买与雾霾防治相关的货物、工程和服务行为
	专项基金	专项基金是指上级政府为实现雾霾防治目标，以及对委托下级政府代理的一些防治雾霾事务进行补偿而设立的专项财政补助资金
税收类	税收优惠	税收优惠是指建立健全雾霾防治工作的税收优惠制度，制定雾霾防治税收优惠的法律法规
	清洁能源税	清洁能源税是指对使用污染环境的能源征收部分额外的税收政策措施，以促进相关组织或个人减少污染环境的能源使用
	环境税	环境税是指把污染环境的社会成本内化到生产成本和市场价格中去，再通过市场机制来分配相关资源的一种经济手段
	现有税收改革	现有税收改革是指对现有的税收政策进行科学的再设计和合理优化调整的政策措施

续表

大类	政策细类	政策内容
金融类	绿色证券	绿色证券是指根据国家的规定，对重污染的生产经营组织，在上市融资，上市后再融资等证券募集中，由相关环境部门进行的绿色审核
	绿色保险	绿色保险是指要求高风险企业和项目对防治雾霾污染的工作进行投保
	绿色债券	绿色债券是指发行有关雾霾防治的债权，筹集社会闲散资金
	绿色信贷	绿色信贷是指对相关企业贷款进行雾霾防治工作损害的审查
	担保制度	担保制度是指为投资和需要周期性融资的雾霾防治项目提供担保
产业类	产业规划	产业规划是指政府对雾霾防治产业发展的战略定位、体系结构、空间布局、产业链延伸、综合环境影响及实施方案等提出具体、全面而长远的统筹安排
	产业组织	产业组织是指产业内企业间的市场关系和组织形态
	产业结构调整	产业结构调整是指调整和建立合理的产业结构
	专项规划	专项规划是指有关政府部门编制的相关产业开发专项计划
	资源配置	资源配置是指对相对稀缺的资源进行合理安排
人才类	人才培养	人才培养是指建立竞争性的雾霾防治人才培养机制等
	人力规划	人力规划是指为达到有效防治雾霾的目标，对雾霾人才进行供求预测以及确定区域人才分布的计划
	人才引进	人才的引进是指建立健全雾霾防治人才的引进制度和雾霾防治人才引进基金，为雾霾防治人才的引进提供资金和服务支持
	激励机制	激励机制是指用目标管理的方法来激励雾霾防治人员努力工作的政策措施
	绩效评价	绩效评价是指按照一定的标准，采用科学的方法，对雾霾防治人才政策成效进行评价

续表

大类	政策细类	政策内容
公共服务类	信息公开	信息公开是指做好新形势下雾霾防治信息发布和政策解读工作，切实做好雾霾信息的发布和舆论的引导工作
	监测预警	监测预警是指对空气污染情况建立分级预报预警制度体系
	防治标准体系	防治标准是指为贯彻《中华人民共和国环境保护法》和《中华人民共和国大气污染防治法》等，设立和修改完善雾霾防治污染物的标准体系
	区域联防联控机制	区域大气污染联防联控是指为解决区域性的雾霾污染问题，以大气环境功能区域为单元共同防治大气污染的政策措施
	项目审批	项目审批是指相关机构依据国家的法律法规等，对项目是否立项进行审核把关的政策措施
	法律法规	法律法规是指为了实现中国大气治理工作目标，依据环境保护法、大气污染防治法的立法精神、基本原则制定的具有实践意义的法律规则及法律程序
	排污权交易	排污权交易或称可交易许可证是将大气排污权进行交易买卖来控制大气污染物排放的一种方式
	政策评价	政策评价是指根据特定评估标准对雾霾防治政策进行衡量、检查、评价，以判断其优劣性的工作
技术类	知识产权	知识产权是指制定并实施保护雾霾防治知识产权的法律法规
	技术引进	技术引进是指建立健全雾霾防治技术引进机制等行为
	技术合作	技术合作是指建立健全雾霾防治技术合作机制
	技术转化	技术转化是指建立健全雾霾防治技术成果转化机制

二　中国雾霾防治政策需求问卷调查

（一）中国雾霾防治政策需求问卷设计和调查

中国雾霾防治政策需求问卷主要包括两个部分：其一是基本信息资料，其二是具体问项。本问卷运用李克特量表法设计出了7个等级程度：1表示非常不需要此雾霾防治政策，2表示不需要此雾霾防治政策，3表示不太需要此雾霾防治政策，4表示此雾霾防治政策可有可无，5表示有些需要此雾霾防治政策，6 表示需要此雾霾防治政策，7 表示非常需要此雾霾防治政策（具体见附录 3“中国雾霾防治政策需求调查问卷”）。我们采用判断抽样方法，在中国的雾霾防治严重地区，雾霾防治较为严重地区，雾霾防治不严重地区共发放 500 份问卷，调查对象主要为行政人员、企业人员、教师和学生等。

（二）中国雾霾防治政策需求问卷统计分析

中国雾霾防治政策需求问卷调查历时两个多月，发放了 500 份问卷，回收问卷 389 份（回收率为 77.8%），有效问卷 336 份（占回收问卷的 86.38%）。北京的有效问卷为 58 份（17.26%），武汉有效问卷为 57 份（16.96%），西安有效问卷为 50 份（14.88%），杭州有效问卷为 87 份（25.89%），梧州的有效问卷为 84 份（25%）。因为中国雾霾防治政策需求问卷的填答工作要求一定的知识水平，所以在此次填答问卷的人中年轻人比例相对较高。

表 4-2　　中国雾霾防治政策需求问卷被调查者分布情况

人口统计特征	类别	频数	频率（%）
性别	男	91	27.1
	女	243	72.3
	缺失	2	0.6
学历	专科及以下	11	3.3
	本科	259	77.1
	硕士及以上	60	17.9
	缺失	6	1.8
地区	北京	57	17.0
	杭州	88	26.2
	梧州	84	25.0
	武汉	57	17.0
	西安	50	14.9

三　中国雾霾防治政策需求的描述性统计分析

我们运用 SPSS－20.0 软件，对中国雾霾防治政策需求问卷调查结果进行描述性统计分析，考察雾霾防治政策的利益相关者对雾霾防治政策的需求类别、需求内容、需求程度和需求的优先次序。

（一）中国雾霾防治政策需求的统计分析

我们主要用“均值”和“标准差”来分析中国雾霾防治政策需求内容的强弱程度和需求次序。为了分析各项政策需求的排列次序，我们按均值降序对分析结果进行了排序化（如表 4－3 所示）。

表 4－3　　中国雾霾防治各项政策需求程度排序

	极小值	极大值	均值	标准差
建立健全雾霾防治的法律法规体系	.00	7.00	5.8693	1.26320
建立健全雾霾污染的监测预警体系	1.00	7.00	5.8313	1.08376
建立健全绿色产业发展规划	.00	7.00	5.8274	1.13557
根据雾霾防治的需要调整产业结构	2.00	7.00	5.7582	1.04023
建立健全雾霾防治相关信息公开制度	.00	7.00	5.7402	1.30460
建立健全雾霾防治的标准体系	.00	7.00	5.7064	1.24563
建立健全雾霾防治的财政投入政策	1.00	7.00	5.6577	1.10310
建立健全绿色产业资源配置机制	.00	7.00	5.5766	1.08286
加快建立新型绿色产业组织	2.00	7.00	5.5593	1.17273
建立健全雾霾防治人员的培养机制	1.00	7.00	5.5498	1.18823
建立健全雾霾防治的区域联防联控机制	.00	7.00	5.5427	1.25301
加快完善与大气污染相关的排污权交易制度	1.00	7.00	5.5287	1.25587
建立健全雾霾防治科技成果的转化机制	.00	7.00	5.5263	1.22921
建立健全雾霾防治政策评价制度	.00	7.00	5.5137	1.32540
建立健全雾霾防治技术的引进机制	.00	7.00	5.4880	1.16950
建立健全雾霾防治人员的绩效评价制度	1.00	7.00	5.4806	1.15248
建立健全雾霾防治的人力资源规划制度	2.00	7.00	5.4745	1.16814

续表

	极小值	极大值	均值	标准差
建立健全雾霾防治的财政补贴政策	.00	7.00	5.4595	1.10680
建立健全雾霾防治技术合作制度	1.00	7.00	5.4375	1.18786
加大大气污染源征收清洁能源税的力度	1.00	7.00	5.4137	1.30384
建立健全雾霾防治项目的审批制度	.00	7.00	5.3804	1.35741
建立健全雾霾防治人才的引进制度	.00	7.00	5.3576	1.34119
建立健全雾霾防治知识产权的创造与保护机制	.00	7.00	5.3463	1.24995
建立健全与重点发展的绿色产业项目相应的专项规划	1.00	7.00	5.3373	1.17723
加快推进排污费改税进度	1.00	7.00	5.3293	1.39257
建立健全雾霾防治的专项基金	1.00	7.00	5.3141	1.15547
建立健全雾霾防治的税收优惠制度	.00	7.00	5.2232	1.16959
建立健全雾霾防治人员的薪酬与职务晋升等激励制度	.00	7.00	5.1373	1.32421
建立健全雾霾防治产品的政府采购政策	.00	7.00	5.1189	1.22707
加快推进与大气污染防治相关的税收政策改革	1.00	7.00	5.0904	1.29756
建立健全绿色保险制度	1.00	7.00	5.0629	1.28946
建立健全绿色证券制度	.00	7.00	4.9673	1.32106
建立健全雾霾防治的担保制度	.00	7.00	4.9159	1.32588
建立健全雾霾防治的绿色债券制度	.00	7.00	4.8503	1.25264
建立健全绿色信贷政策	.00	7.00	4.8223	1.26839

由表4－3可以看出中国对雾霾防治政策的需求情况，其中有31项均值达到了“有些需要此政策”程度5以上，其余4项达到4.8以上，接近5。可见，中国对我们设计的雾霾防治政策体系中的各项政策需求程度都是比较高的。

（二）中国雾霾防治政策需求程度分析

通过对表4－3进行进一步分析，可以基本判断出中国七大类型雾霾防治政策的需求程度（如表4－4、图4－2所示）。根据表4－4可以得到，公共服务政策、产业政策的需求程度相对较高，其次是技术政策、财政政策、人才政策，税收政策和金融政策的需求程度相对较低。这一结果说明，中国雾霾防治政策的最紧迫需求是公共服务政策和产业政策，一般性的需求为技术政策、财政政策和人才政策，相对来说没有那么紧迫的需求是税收政策和金融政策。

表4-4　　七大类型雾霾防治政策的需求程度

财政政策	税收政策	金融政策	人才政策	产业政策	技术政策	公共服务政策
5.3948	5.2651	4.9220	5.3985	5.6109	5.4497	5.6373

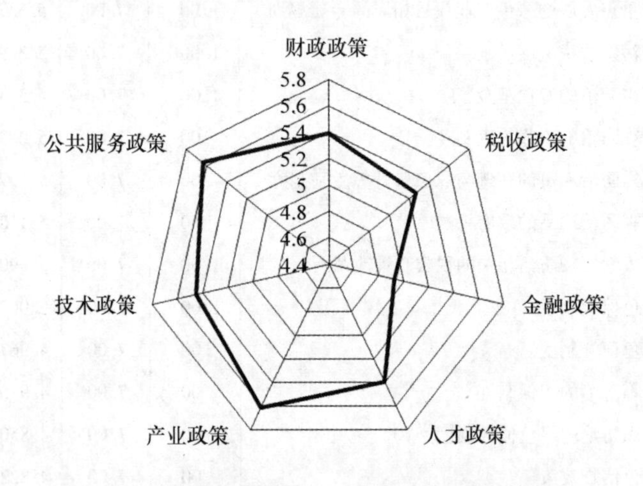

图4-2　七大类型雾霾防治政策需求程度的雷达图

四　中国各地市雾霾防治政策需求差异分析

（一）中国各地市雾霾防治政策类型需求差异分析

我们绘制了中国各地区对各类型雾霾防治政策需求维度的雷达图（详见图4-3）。从图4-3中可以看出，北京和杭州作为经济最为发达的城市，它们最需要的雾霾防治政策是公共服务政策，其次是产业政策（北京）、人才政策（杭州），再次是技术政策和财政政策（北京）、产业政策和财政政策（杭州）；作为经济比较发达的西安和武汉这两个城市，最需要的雾霾防治政策是产业政策，其次是公共服务政策，最后是技术政策和财政政策（武汉）、技术政策和人才政策（西安）；作为经济较不发达的城市梧州，最需要的雾霾防治政策是财政政策，其次是产业政策和公共服务政策，最后是技术政策和人才政策。

表4－5　　不同地区不同类型雾霾防治政策的需求程度

	财政政策	税收政策	金融政策	人才政策	产业政策	技术政策	公共服务政策
北京	5.4474	5.1886	4.7111	5.3693	5.7614	5.5365	5.8816
杭州	5.1932	5.1733	4.5994	5.4114	5.4108	5.3665	5.6282
梧州	5.7024	5.4494	5.1738	5.5387	5.6810	5.5377	5.6473
武汉	5.3041	5.1813	5.1316	5.2281	5.6930	5.3611	5.4912
西安	5.2767	5.3000	5.0680	5.3680	5.5800	5.4500	5.5243
总计	5.3948	5.2651	4.9220	5.3985	5.6109	5.4497	5.6373

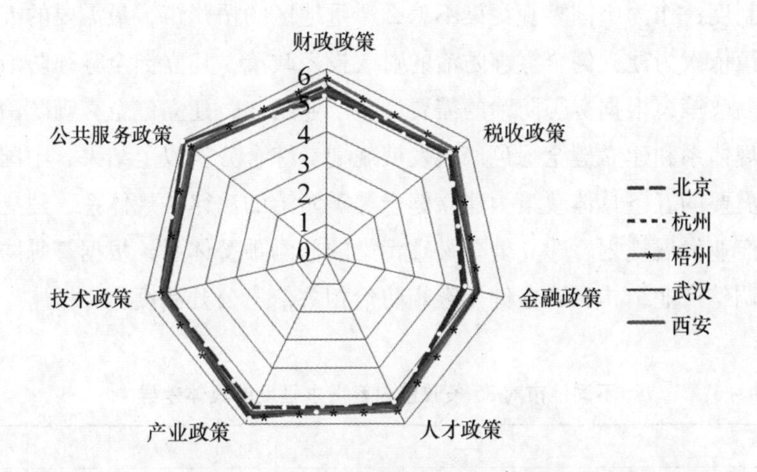

图4－3　不同地区不同类型雾霾防治政策需求程度的雷达图

（二）中国各地市雾霾防治政策内容需求差异分析

为了进一步了解中国不同地区对这35条雾霾防治政策内容需求程度的具体差异，我们对这35条雾霾防治政策的需求程度进行了统计分析（具体如表4－6所示）。作为中国雾霾污染最为严重地区的北京市，最需要的五条具体政策依次为建立健全雾霾防治相关信息公开制度，建立健全雾霾防治的法律法规体系，建立健全雾霾防治的标准体系，根据雾霾防治的需要调整产业结构和建立健全雾霾污染的监测预警体系；作为中国雾霾污染最为严重地区的西安市，最需要的五条具体政策依次为建立健全雾霾污染的监测预警体系，建立健全雾霾防治相关信息公开制度，建立健全绿色产业发展规划，建立健全雾霾防治的法律法规体系和根据雾霾防治的需要调整产业结构；作为中国雾霾污染较为严重地区的武汉市，最需要的五条具体政策依次为建立健全绿色产业发展规划，建立健全绿色产业资源配置机制，加快建立新型绿色产业组织，加快完善与大气污染相关的排污权交易制度和建立健全雾霾污染的监测预警体系；作为中国雾霾污染较为严重地区的杭州市，最需要的五条具体政策依次为建立健全雾霾防治的法律法规体系，建立健全雾霾污染的监测预警体系，建立健全绿色产业发展规划，建立健全雾霾防治人员的绩效评价制度和建立健全雾霾防治相关信息公开制度；作为中国雾霾污染不怎么严重地区的梧州市，最需要的五条具体政策依次为建立健全雾霾防治的财政投入政策，建立健全雾霾防治的财政补贴政策，根据雾霾防治的需要调整产业结构，建立健全雾霾防治的法律法规体系和建立健全绿色产业发展规划。综合分析以上结果，中国目前最为需要的五条具体政策为建立健全雾霾防治的法律法规体系，建立健全绿色产业发展规划，建立健全雾霾污染的监测预警体系，根据雾霾防治的需要调整产业结构和建立健全雾霾防治相关信息公开制度。

表4－6　　不同地市对35条政策内容需求程度的具体差异

	北京	杭州	梧州	武汉	西安
建立健全雾霾防治的财政投入政策	5.6667	5.5568	6.0119	5.4737	5.4400
建立健全雾霾防治的财政补贴政策	5.5439	5.2529	5.8795	5.2679	5.2400
建立健全雾霾防治产品的政府采购政策	5.1053	4.7841	5.4557	5.1091	5.2041
建立健全雾霾防治的专项基金	5.4737	5.1628	5.4375	5.2857	5.2653
建立健全雾霾防治的税收优惠制度	5.5789	5.2955	5.2500	4.8421	5.0800
加大大气污染源征收清洁能源税的力度	4.9474	5.2500	5.6905	5.5263	5.6400
加快推进排污费改税进度	5.3158	5.2299	5.4819	5.2982	5.3000
加快推进与大气污染防治相关的税收政策改革	4.9123	4.9080	5.3810	5.0182	5.2041

续表

	北京	杭州	梧州	武汉	西安
建立健全绿色证券制度	4.6491	4.5114	5.3929	5.2456	5.1000
建立健全绿色保险制度	4.8070	4.6667	5.2500	5.5000	5.2400
建立健全雾霾防治的绿色债券制度	4.6491	4.4598	5.0723	5.0526	5.1600
建立健全绿色信贷政策	4.6964	4.4773	5.0843	4.8929	5.0612
建立健全雾霾防治的担保制度	4.7679	4.8750	5.0723	4.9649	4.8367
建立健全雾霾防治人员的培养机制	5.7500	5.5233	5.6386	5.4464	5.3400
建立健全雾霾防治的人力资源规划制度	5.5091	5.4023	5.6667	5.1754	5.5800
建立健全雾霾防治人才的引进制度	5.2857	5.2299	5.6543	5.1250	5.4400
建立健全雾霾防治人员的薪酬与职务晋升等激励制度	4.9649	5.2045	5.2289	5.1228	5.0800
建立健全雾霾防治人员的绩效评价制度	5.3158	5.7159	5.5181	5.2982	5.4000
建立健全绿色产业发展规划	5.8772	5.8068	5.8095	5.8772	5.7800
加快建立新型绿色产业组织	5.6667	5.2674	5.6951	5.7636	5.4898
建立健全绿色产业资源配置机制	5.7018	5.2414	5.6905	5.7895	5.5833
根据雾霾防治的需要调整产业结构	6.0536	5.6705	5.8571	5.5439	5.6600
建立健全与重点发展的绿色产业项目相应的专项规划	5.5000	5.0795	5.3333	5.4912	5.4400
建立健全雾霾防治知识产权的创造与保护机制	5.2807	5.3409	5.3735	5.4211	5.3000
建立健全雾霾防治技术的引进机制	5.4909	5.3864	5.7143	5.3158	5.4800
建立健全雾霾防治技术合作制度	5.5439	5.2500	5.5238	5.3860	5.5600
建立健全雾霾防治科技成果的转化机制	5.8750	5.4886	5.5068	5.3214	5.4600
建立健全雾霾防治相关信息公开制度	6.2807	5.7093	5.5238	5.4630	5.8400
建立健全雾霾污染的监测预警体系	5.9825	5.8506	5.7600	5.6667	5.9200
建立健全雾霾防治的标准体系	6.0702	5.6667	5.6316	5.5789	5.6200
建立健全雾霾防治的区域联防联控机制	5.9474	5.5287	5.5256	5.3929	5.3000
建立健全雾霾防治项目的审批制度	5.5439	5.3523	5.6000	5.1786	5.1400
建立健全雾霾防治的法律法规体系	6.1250	6.0227	5.8481	5.5263	5.7347
加快完善与大气污染相关的排污权交易制度	5.4737	5.4659	5.5949	5.7018	5.4000
建立健全雾霾防治政策评价制度	5.6316	5.4773	5.6795	5.4286	5.2800

第五章　中国雾霾防治政策的供给演进过程

改革开放以来，中国经济的增长方式主要是靠生产要素的大量投入。然而，在取得经济快速发展的同时，也使得中国面临着环境污染的巨大压力。2013 年以来，针对越来越严重的雾霾天气，国家提出了一系列新的政策。2013 年国家通过了《大气污染防治行动计划》，该计划提出了一系列防治大气污染的政策措施，将雾霾防治放在了突出地位。2013 年的《中共中央关于全面深化改革若干重大问题的决定》提出，要加强应对环境污染的严峻形势，加强相关政策的优化措施。雾霾防治政策作为政府推动雾霾防治工作的重要手段和工具，涉及与雾霾防治相关的财政投入、税收优惠、金融激励、人才支持、技术创新、产业规划和公共服务等方面，是一个国家或地区为了推进雾霾防治工作而制定的一系列政策的总和。雾霾防治的政策目的是支持和鼓励企业、高校、社会等组织与个人进行雾霾防治活动，不断研究开发与雾霾防治相关的新产品和新技术等，以有效防治雾霾污染，提高人们的生活质量，促进社会经济的健康发展。雾霾防治政策最大的特点是以政府为主导，通过实施一系列雾霾防治政策措施，积极鼓励全体社会成员和组织参与到雾霾防治的活动中，确保中国雾霾防治工作目标的实现。为了更加清晰地了解中国雾霾防治政策的发展脉络和对中国雾霾防治政策供给进行梳理，我们把改革开放以来的中国雾霾防治政策供给分为财政、税收、金融、产业、人才、技术和公共服务七个部分，并且分阶段对中国雾霾防治政策进行梳理。中国雾霾防治政策的发展演进过程主要是指从 1978 年改革开放至今 40 年时间里雾霾防治政策的发展演进过程。它可分为萌芽、起步、发展和完善四个阶段。

一　中国雾霾防治财政政策的发展演进过程

（一）雾霾防治财政政策的萌芽阶段

随着社会生产方式的变革和经济生活的进步，中国财政政策也不断发生着变化。雾霾防治财政政策萌芽阶段的主要政策措施如表5－1所示。

表5－1　　雾霾防治财政政策萌芽阶段的政策措施及特点

主要政策	阶段特点
排污收费制度（1978） 环境保护法（1979） 排污收费暂行办法（1982） 征收超标准排污费财务管理和会计核算办法（1984） 污染源治理专项资金有偿使用暂行办法（1988） 国家环境保护部、财政部：环境保护排污费预算会计制度（1990） 关于开展征收工业燃煤二氧化硫排污费试点工作的通知（1992） 征收工业燃煤二氧化硫排污费试点方案（1992）等	大气污染物排放得到初步关注，相关制度以征收超标排污费为主，以非超标排污费为辅的机制

雾霾防治财政政策萌芽阶段（1978—1992）是指从改革开放之后到20世纪90年代初这段时间。这是中国对传统计划经济旧体制实施改革的初级阶段，中国在社会经济的许多方面进行了初步的改革尝试。1978年党的十一届三中全会实行的改革开放让我们走上了建设中国特色社会主义的新道路，此后，中国的经济得到了快速发展，但一些环境问题也初露端倪。雾霾防治财政政策萌芽阶段的特点包括：一是中国开始重视大气污染物排放问题。在这个时期里中国主要是以传统能源消耗来拉动经济增长的，将经济发展作为最主要的目标，这在一定程度上可以说是选择了“先发展，后治理”的方式。这种发展方式产生了大量的气体污染物，影响了生态平衡，破坏了大气环境，因此，这一时期中国开始认识到了大气

污染物排放的危害性。二是开始涉及工业气体排放，实施排污收费制度。中国在这一阶段相对来说比较重视工业“三废”的治理。工业“三废”的排放物不仅是雾霾形成的重要因素，也可能会对生态环境造成严重的伤害。中国在1978年12月31日根据国内实际情况，第一次正式提出要出台排污收费制度，并于次年9月明确规定了下来，随后开展排污收费的试点工作。20世纪80年代已逐步形成了以预防为主，防治结合，谁污染，谁治理，以强化环境管理为内容的环境问题“三大政策”，并围绕此提出了“新五项制度”。三是中国的排污费征收以超标排污费为主，非超标排污费为辅。国务院在1982年和1988年分别发布了《排污收费暂行办法》《污染源治理专项资金有偿使用暂行办法》，指出在污染特别严重的城市，排污费的收费标准可适当调整，征收了排污费但还未达到排放标准的企业在开征3年后需提高征收额度等。

（二）雾霾防治财政政策的起步阶段

中国雾霾防治财政政策的起步阶段是从1993年到2003年，其主要政策措施如表5－2所示。

表5－2　　雾霾防治财政政策起步阶段的政策措施及特点

主要政策	阶段特点
关于征收污水排污费的通知（1993） 关于环境保护若干问题的决定（1996） 全国生态环境建设规划（1999） 国家环境保护“十五”计划提出投资7000亿元改善城乡环境（2001） 排污费征收使用管理条例（2003） 关于排污费收缴有关问题的通知（2003） 排污费征收标准管理办法（2003） 排污费资金收缴使用管理办法（2003） 中华人民共和国政府采购法（2003）等	在科学发展观的指导下，中国开始关注机动车尾气排放问题，鼓励新能源、低污染汽车的推广

雾霾防治财政政策的起步阶段是指1993年至2003年这一时间段。20世纪90年代，中国对传统计划经济体制的改革基本完成。2001年，中国加入了世界贸易组织，面临着一系列新的挑战。在这样的大背景下，中国政府对治理环境污染、雾霾天气的重视程度远不如寻找稳定国内经济形势的出路，但相对于雾霾防治财政政策的萌芽阶段已经有了很大的进步。中国的经济政策从适度从紧的财政和货币政策向积极的财政和货币政策转变，这在一定程度上为雾霾等环境问题的防治提供了机遇。雾霾防治财政政策起步阶段的特点有：一是中国开始推行科学发展观。21世纪初，科学发展观开始盛行，并秉承大力发展循环经济，建设节约型、环境友好型社会的理念。如《关于部分资源综合利用及其他产品增值税政策问题的通知》中所提到的用生活垃圾发电，用煤矸石、煤泥发电等举措无不体现出建设节约型社会的要求。二是中国逐渐开始关注机动车尾气的排放问题。国务院在1998年批准了国家生态建设规划并通知停止生产与销售含铅汽油，采用废气再循环的方式来减少污染物的生成，积极研发净化催化剂来控制污染。三是中国大力鼓励新能源汽车和低污染汽车的推广。21世纪初，中国的新能源汽车产业开始兴起，并于2001年将新能源汽车的研究项目列入国家“863”重大科技课题。中国适度减征了低污染排放小汽车的消费税，并对新能源汽车的销售商和消费者予以一定的财政补贴。这个时期的环境政策进入战略转变的阶段，将工业排污费的征收管理提升到了一个新的高度，对工业污染防治实行了“三大转变”，且在原有基础上不断改善排污收费制度，出台了诸多相关条例和办法，并将排污费纳入财政预算。

（三）雾霾防治财政政策的发展阶段

中国雾霾防治财政政策发展阶段从2004年到2012年，其主要政策措施如表5－3所示。[1]

中国雾霾防治财政政策的发展阶段主要是从21世纪初到2012年底。在此阶段，雾霾防治相关政策的调整较为明显。中国雾霾防治政策从20

[1] 肖坚：《促进节能减排的财政政策思考》，《地方财政研究》2008年第5期。

世纪70年代起步，经过30多年的发展，到了21世纪初已经较为成熟了，因此这一阶段解决环境问题的财政举措也越来越多。自从中国实行具有中国特色的社会主义市场经济以来，城市化和工业化程度已经提到了一个较高的程度。然而，伴随着经济的快速发展，一系列环境问题也凸现出来了。在这一阶段，中国整体的大气环境受到了较为严重的破坏，雾霾天气发生的频率开始增加，政府为了应对雾霾天气，在财政方面采取了积极行动。此阶段的主要特点有：一是重点关注污染气体排放工作的实施。在节能减排"十二五"规划的指导下，中国出台了污染气体排放具体工作方案，污染气体减排工作顺利推广。二是重点支持可再生能源技术的开发与应用。虽然在20世纪90年代已经初步涉及新能源技术的开发，但这一阶段仍主要以机动车燃料应用为主。中国政府发布了一系列关于可再生能源建筑的政策方案，又对相关资金的合理分配问题做了较为详细的规定。2011年，中国可再生能源规模化发展项目的成果总结会发布了可再生能源"十二五"规划目标，为其发展确定了方向。三是促进了循环经济的进一步发展。中国在2007年发布了开展循环经济试点工作的通知，又在2012年出台了《循环经济发展专项资金管理暂行办法》等措施，从实践和经济上为循环经济的发展指明了方向。

表5-3　**雾霾防治财政政策发展阶段的政策措施及特点**

主要政策	阶段特点
节能产品政府采购实施意见（2004） 国务院关于加快发展循环经济的若干意见（2005） 国务院关于印发节能减排综合性工作方案的通知（2007） 国务院办公厅关于建立政府强制采购节能产品制度的通知（2007） 国家发改委启动"节能产品惠民工程"（2009） 私人购买新能源汽车试点财政补助资金管理暂行办法（2010） 关于石油天然气和"三电"基础设施安全保护费用管理问题的通知（2010） 关于印发合同能源管理财政奖励资金管理暂行办法（2010） 关于开展节能减排财政政策综合示范工作的通知（2011） 关于调整节能汽车推广补贴政策的通知（2011）	一方面加强落实污染气体排放工作，另一方面重点支持可再生能源技术的开发与应用，同时进一步促进循环经济的发展

续表

主要政策	阶段特点
中央财政人工影响天气补助资金管理暂行办法（2012） 可再生能源电价附加补助资金管理暂行办法（2012） 民航节能减排专项资金管理暂行办法（2012） 中国清洁发展机制基金赠款项目管理方法（2012） 循环经济发展专项资金管理暂行办法（2012）等	

（四）雾霾防治财政政策的完善阶段

中国雾霾防治财政政策的完善阶段是指2013年以后，其主要政策措施如表5－4所示。这一阶段将会是一个漫长的过程。随着社会经济的发展和经济的全球化，中国成了世界上少有的经济大国，很多国家都会从中国进口如远洋船舶等重工业产品。然而，这些重工业产品的生产都离不开煤炭等能源的消耗，大量能源消耗的直接后果就是工业气体排放越来越多，最后严重污染了空气环境。雾霾的发生频率在近几年里一直处于上升的态势，尤其是2013年以来，工业燃煤、机动车尾气、建筑扬尘等这些经济发展的产物都加速了雾霾天气的发生。这个阶段的特点有：一是中国用于大气污染防治的资金进一步增加，并通过拓宽投诉渠道，加大了政策的调控力度。2014年中央财政安排了100亿元专项资金用以支持重点区域的大气污染治理，采用“以奖代补”的方式发挥激励和导向作用。二是将目光聚焦到了机动车尾气的治理上，补贴政策得到进一步完善。不仅加大了新能源汽车的推广力度和提高了节能汽车财政补贴的额度，而且对小排量汽车和环保汽车实行政策优惠，以及加大了黄标车和老旧汽车的淘汰力度。三是对天然气等清洁能源实行了进口优惠，对可再生能源的发展进行了规划。近两年内，中国陆续发布了不少关于调整进口天然气的税收优惠政策，进一步提高了可再生能源电价的附加征收标准，特别是在2015年两会上李克强强调要铁腕治理环境污染，深入实施大气污染防治行动计划，在重点区域内重点城市全面供应“国五”标准车用汽柴油。四是强化了排污费的征收工作。近几年来中国雾霾天气十分严重，政府严格遵循“谁污染，谁治理”的原则，强力贯彻了征收排污费的政策，着重优化征收标准与对象。

表 5-4　　雾霾防治财政政策完善阶段的政策措施及特点

主要政策	阶段特点
关于简化节能家电　高效电机补贴兑付信息管理及加强高效节能工业产品组织实施等工作的通知（2013） 可再生能源电价附加有关会计处理规定（2013） 关于调整可再生能源电价附加征收标准的通知（2013） 2014 年黄标车及老旧车淘汰工作实施方案（2014） 中央财政今年安排 100 亿元专项资金支持重点区域治理大气污染（2014） 国务院办公厅关于进一步推进排污权有偿使用和交易试点工作的指导意见（2014） 关于调整排污费征收标准等有关问题的通知（2014） 关于全国清理涉及煤炭原油天然气收费基金有关问题的通知（2014） 关于新能源汽车充电设施建设奖励的通知（2014） 政府和社会资本合作模式操作指南（2014） 关于开展政府和社会资本合作的指导意见（2014） 国家发改委关于海上风电上网电价政策的通知（2014） 中华人民共和国政府采购法实施条例（2015）等	增加了用于大气污染整治的专项资金；重点治理机动车尾气；对煤炭、天然气等能源实行进口优惠；进一步推进排污费征收

（五）中国雾霾防治财政政策的发展趋势

政府部门根据中国雾霾防治的实际情况，按照科学发展观的要求，在借鉴国外有效应对雾霾天气成功经验的基础上，不断探寻适合中国雾霾防治的应对策略。具体来说有以下几个发展趋势。

1. 财政调控力度逐步加大

尽管中国在环境保护方面的财政支持力度不断加大，但一直以来仍然不足，而在雾霾防治方面的财政投入更是微乎其微。一般来说，雾霾主要由机动车尾气、工业排污、建筑扬尘、燃煤取暖等因素造成，要减轻雾霾的危害可以从这些方面的雾霾防治财政调控力度入手。所谓财政调控力度不仅是指在财政投入上的力度，还包括财政政策的支持力度和财政的调控范围扩展等方面。首先，雾霾防治涉及多方面的内容，需要投入大量资金，而财政资金的投入是非常重要的一个部分，通过经济手段来帮助各类组织减少雾霾污染气体的排放是较为有效的方法。[①] 目前中国在这方面的财政支出远不能满足其社会经济发展的需求，所以需要进一步提高财政支出在雾霾防治中所占的比重，增加财政补贴额度。其次，大量投入的财政资金不但能维持雾霾防治工作的正常运行，还能鼓励和支持雾霾防治新技术的研发，有效提高财政资金的利用效率。财政补贴是加大财政投入的重要方式，能够起到立竿见影的效果，因此在雾霾防治财政投入加大的同时，财政补贴力度也应加大。再次，有了财政资金的支持，雾霾防治还少不了财政政策的支持。财政资金是经济上的保障，财政政策则是重要的政策保证。与财政资金问题相似的是，中国在雾霾防治方面的财政政策还不多，仅仅在近几年里雾霾天气频繁发生的威胁下相关的财政政策才有所增加。随着人们环保观念的不断更新，法制、政策观念也随之更新，财政政策数量与强度的增加已是大势所趋。最后，仅仅靠财政投入力度的加大来治理雾霾天气，其效果仍然相当有限，因此财政的调控范围也要进一步扩大，其中主要是拓宽财政资金来源，扩大使用对象的范围等。只有把与雾霾形成的相关来源都予以考虑，并能在财政政策支持上一视同仁，才能发挥财政的协调作用，更有效地治理雾霾天气。

2. 财政政策与其他政策的协调作用不断强化

财政政策具有导向、协调、控制与稳定的功能，在政府规范的行为下，根据中国社会经济的具体情况实施的政策才能发挥这些功能。但财政政策的制定受到一定社会生产力水平的制约，财政政策是国家整个经济政策的组成部分，与其他政策有着密切的关系。要充分发挥财政政策促进就业，减轻经济波动，实现经济稳定增长的作用，就必须使其与其他政策相互协调。而中国财政政策面临的主要问题之一正是财政政策与其他政策的不协调，这在一定程度上影响了雾霾防治工作的顺利进行。因此强化财政

① 王芳：《京津冀地区雾霾天气的原因分析及其治理》，《工作研究》2014 年第 7 期。

政策与其他政策共同作用，才能产生多赢的效果。首先要发挥经济政策之间的协同作用，它是经济社会平稳发展所不可忽视的。各项经济政策的相互配合，从系统的视角来设计政策与政策之间的协作。其次中国在雾霾防治方面的财政政策与税收政策还不够协调，仍需要经过一个较长的时间才能达到良性的相互配合。最后，财政政策与除税收以外的其他政策手段的协同作用也应进一步加强。只有经济、法律、行政等手段共同作用，才能促进经济快速稳定的发展，解决社会问题。雾霾防治不仅需要财政政策的支持，也需要法律政策的协助，这样才能限制污染物的排放，鼓励新技术的研发与应用，对雾霾的防治起到显著作用。在法律制度比较完善的发达国家，法律法规均能很好地与财政等政策相互配合，共同发挥其特有的作用，从而形成双赢的局面。因此强化财政政策与其他政策的协同作用将是雾霾防治财政政策发展的趋势。

3. 财政支持手段趋向多样化

中国在雾霾防治上多是靠政府直接的财政资金投入，尤其是以现金补贴为主。例如在机动车尾气治理问题上，地方政府按照中央下发的文件建议，开始推广小排量汽车以及新能源汽车，对生产新型汽车的厂家，购买新型车的顾客给予一定的现金补贴或是税收优惠，以此鼓励社会公众接受新能源汽车。这种做法在西方发达国家很受欢迎，其各级政府也愿意通过这种经济激励的方式来达到目标。然而，这种做法也会导致一种不良现象的产生：部分不良商家有可能向政府申报虚假材料，以便套取专项资金和财政补贴。因此，这就要求我们创新财政支持方式，实现财政支持手段的多样化。首先要发挥财政补贴的作用，对降低污染的企业给予一定的现金补贴；其次应给予其低息贷款的特权，支持其新技术的研发；最后可逐渐采用以奖代补的方式将排污效果与资金奖励挂钩，鼓励其转变发展方式。物价补贴、财政贴息、企业亏损补贴等财政资金支持手段只有加以综合运用，做到灵活变通，才能有效解决雾霾问题。除了财政资金支持方式上的创新外，还需要从财政支持范围上进行创新。以往的财政支持多是给消费者优惠，只要购买相应的产品就能给予财政补贴以及税收优惠。然而，雾霾防治需要依靠全民参与，不是单靠消费者就能解决的。从雾霾防治财政政策的国际趋势看，企业的研发环节、生产环节和销售环节同样需要财政的支持，并要根据生产者不同的生产成本提供不同额度的补助①；还可根据实际情况科学地设置财政补贴的环节，以做到充分、全面的支持。另外，通过设立雾霾防治专项资金，尾气治理专项资金，工业排污专项资金等财政补贴专项资金都能起到财政良性激励的作用，充分发挥其功能。

4. 财政资金的监管制度持续优化

随着政府对财政重视程度的提高，财政在日常生活中所发挥的作用日益明显。企业或其他经济主体所造成的负外部性，比如工厂排放的污染物、机动车排放的废气等，在很大程度上需要依靠国家的财政政策来解决。然而，在财政政策作用强化，投入力度加大的同时，财政资金的监管问题随之凸现出来。政府治理雾霾的周期很长，因此，无论是从其形成源头还是到现有状况均需要投入大量资金。而这些资金经过层层关卡下拨到地方政府，如果没有一种合适的监管制度，就会被部分官员挪为私用或擅自扣押，出现贪污腐败现象。这个问题损害的不仅仅是个人的利益，还有社会共同利益。因此，为了防止此类不良现象的发生，优化财政资金的监管制度必不可少。财政资金监管制度必须具有广泛的适用范围。如果只是针对某个固定的环节才能发挥其监管效用，那就形同虚设了。只有从头到脚都起到监管作用才不会有所疏漏，才能最大限度地发挥财政的协调作用，使雾霾防治工作顺利进行。另外，惩罚制度也是极其需要改进优化的。然而，中国的财政监管制度在这一方面并不重视，还存在着漏洞。既然是监管制度，一方面是监督，另一方面是管理，两者均需要一种强制措施来处理没有达到要求的行为，这个强制措施就是惩罚。惩罚的目的是能最充分地发挥财政资金的作用，提高其使用效率，因此应当恰当充分地使用。

5. 区域差异化财政政策的实行逐渐普及

财政政策主要是由中央政府制定的，因此，政策的效用在一般情况下对各地是通用的。然而，各地的具体情况不尽相同，如果各级政

① 张楠：《雾霾天气背景下清洁能源发展的财税政策选择与优化》，《中南财经政法大学研究生学报》2013 年第 2 期。

府只是靠统一的政策规定来施政，并不能充分发挥财政政策的效用。由于各地经济发展状况不同，雾霾污染程度也不同，在工业化、城市化进程较快的城市，比如京津冀地区的雾霾状况就比较严重，对人们生产生活所产生的影响较大。而在经济不发达的西部城市，雾霾则没那么严重。由于发达城市用来治理雾霾所需要的财政资金较多，政策强度相应地要提高；而在较落后的城市里，雾霾防治有可能不是困扰其发展的主要环境问题。因此，如果按中央财政政策的指示生搬硬套，把相应的财政资金硬是用于防治雾霾，那么，财政资金就不能物尽其用了。同样的财政政策对这两种不同类型的城市来说，其效用是不同的。因此应当根据不同地区的雾霾问题及其严重程度，实行区域差异化的财政政策。这里的区域差异化指的是对各地不要制定统一的政策，只是在大方向上予以引导。同时财政政策区域差异化的顺利实行，还需要各地政府的积极配合，应有主见和创新的能力。雾霾防治是一个长期的工作，需要中央在把握全局，了解各个地方经济发展状况的基础上，对于经济欠发达地区给予适当支持，按其需要来下拨财政资金，发布相应的财政政策，以减少地方政府的压力。[①] 与此同时，地方政府也需要从本地的实际出发，科学地制定符合其发展现状的财政政策，而不是盲目地效仿照搬其他地方的做法。

二　中国雾霾防治税收政策发展演进过程

改革开放以来，中国雾霾防治相关税收政策大致经历了萌芽、探索、发展、逐步完善四个阶段。

（一）雾霾防治税收政策萌芽阶段

中国雾霾防治税收政策的萌芽阶段是从1978—1992年（如表5－5所示）。

① 王袅：《运用财税政策促进节能减排》，《黑龙江对外经贸》2009年第1期。

表 5－5 雾霾防治税收政策萌芽阶段的政策措施及特点

主要政策	阶段特点
环境保护法（1979） 国务院关于在国民经济调整时期加强环境保护工作的决定（1981） 排污收费暂行办法（1982） 中华人民共和国资源税条例（草案）（1984） 车辆购置附加费征收办法（1985） 中华人民共和国海关进出口税则：修订版（1985） 中华人民共和国城市维护建设税暂行条例（1985） 中华人民共和国车船使用税暂行条例（1986） 中华人民共和国海关进出口税则第二次修订（1992）等	尝试用“以费代税”的排污收费形式来治理大气污染，呈现出一定的环境保护特征，有了与环境保护相关的税种和专门治理环境融资的“专用税”

改革开放后，中国雾霾防治税收政策进入萌芽阶段（1978—1992年）。这一时期，中国开始学习发达国家的先进经验，积极探索符合中国现实情况的税收政策体系。其阶段特征主要有：一是出现了“以费代税”的排污收费制度。如1982年7月1日正式实施的《征收排污费暂行办法》给出了废气等排污费的征收标准，增强了排污收费法规的可操作性。1992年9月公布的《征收工业燃煤二氧化硫排污费试点方案》确定对中国部分城市实行工业燃煤所产生的二氧化硫征收排污费，这一点体现了中国“以费代税”的排污收费政策在大气污染防治方面的探索性尝试。二是所增收的税种呈现出一定的保护环境的特征，例如，中国在1984年实行了税改，无论是新开征的资源税，还是车船使用税、产品税、增值税、营业税和盐税等税收政策都呈现出了环境保护的特征。三是有了与环境保护相关的税种。中国在1984年开征了资源税，第一次对煤炭、天然气、原油三个税目征收资源税，初步建立了中国的资源税收体系，结束了中国过去对资源无偿开采的情况。四是有了专门的治理环境融资的“专用税”。1985年开征了城市维护建设税，此税种对中国环境保护的资金来源、绿化城市空气具有重要的作用。①

① 周景坤：《我国雾霾防治税收政策的发展演进过程研究》，《当代经济管理》2016年第9期。

（二）雾霾防治税收政策探索阶段

中国雾霾防治税收政策的探索阶段是从1993—2003年，其主要税收政策如表5-6所示。1994年的税制改革对中国保护环境税收政策的建设具有划时代的意义。此次税改是经过多年的理论发展和实践探索，认真研究总结国外的先进经验，同时从本国的实际需要出发出台的，初步构建了与国际接轨的税收体系。此后，保护大气环境工作进入了过渡性的发展时期，这个阶段的特征有：一是增强了与环境保护相关的税种。如1994年税改，开征了与国际接轨的独立型消费税，使得中国对消费行为有了专门的税种。二是“以费代税”的税收政策对雾霾防治的作用范围进一步扩大。1998年4月国家公布了有关开展征收二氧化硫排污费的通知，并提出了进一步扩大排污费试点范围的要求。三是部分具有税收特征的收费项目得到了有效的“费改税”，例如，2000年中国对境内购置使用的车辆正式开征车辆购置税，取代了原来的车辆购置附加费，这有利于调节收入差

表5-6　雾霾防治税收政策探索阶段的政策措施及特点

主要政策	阶段特点
中华人民共和国消费税暂行条例（1993） 中华人民共和国消费税条例实施细则（1993） 中华人民共和国资源税暂行条例（1994） 中华人民共和国资源税暂行条例实施细则（1994） 关于二氧化硫排污收费扩大试点工作有关问题的批复（1996） 在酸雨控制区和二氧化硫污染控制区开展征收二氧化硫排污费扩大试点的通知（1998） 中华人民共和国车辆购置税暂行条例（2000） 关于对低污染排放小汽车减征消费税的通知（2000） 关于部分资源综合利用及其他产品增值税政策问题的通知（2001） 排污费征收使用管理条例（2003） 排污费征收标准管理办法（2003）等	一方面进一步增加了与环境保护相关的税种，另一方面“以费代税”的税费对大气污染防治的作用范围进一步扩大。此外部分具有税收特征的收费项目得到了有效的“费改税”

别，防止和抑制盲目购置车辆的行为。[①]

（三）雾霾防治税收政策发展阶段

中国雾霾防治税收政策的发展阶段是从2004—2012年（如表5－7所示）。

表5－7　**雾霾防治税收政策发展阶段的政策措施及特点**

主要政策	阶段特点
关于部分资源综合利用产品增值税政策的补充通知（2004） 国务院关税税则委员会关于调整煤炭进口关税的通知（2004） 车辆购置税征收管理办法（2005） 国家税务总局关于加强煤炭行业税收管理的通知（2005） 中华人民共和国车船税暂行条例修订版（2006） 中华人民共和国车船税暂行条例实施细则（2007） 成品油价税费改革方案（2009） 关于减征1.6升及以下排量乘用车车辆购置税的通知（2009） 关于促进节能服务产业发展增值税 营业税和企业所得税政策问题的通知（2010） 中华人民共和国资源税暂行条例修订版（2011） 中华人民共和国资源税暂行条例实施细则修订版（2011） 中华人民共和国车船税税法（2011） 车辆购置税征收管理办法修订版（2011） 中华人民共和国车船税税法实施条例（2011） 关于节约能源 使用新能源车船车船税政策的通知（2012） 财政部 国家税务总局关于城市公交企业购置公共汽电车辆免征车辆购置税的通知（2012）等	一是与雾霾防治相关的税收政策得到了一定的完善，有了与雾霾防治相关的专门税种；二是与雾霾防治相关的机构和队伍建设得到了较快的发展

① 周景坤：《我国雾霾防治税收政策的发展演进过程研究》，《当代经济管理》2016年第9期。

中国雾霾防治税收政策发展阶段的特征有：一是具有了与雾霾防治相关的专门税种。中国于2009年颁布《成品油价税费改革方案》，该方案开征了燃油税，它是专门针对雾霾防治等大气污染而开设的税种。二是与雾霾防治相关的税收政策的内容逐步完善，例如，2006年中国对消费税的税率、税目和相应的政策进行了调整，扩大了石油制品消费税的征收范围，使其结构更加合理。2008年财政部、国家税务总局调整了成品油消费税的相关政策，提高了成品油消费税单位的税额并调整了特别用途成品油消费税的政策。2011年国家公布了修订后的资源税暂行条例，增加了资源税实行从价定率的计税办法，即对天然气、原油资源税实行暂行条例的规定，同时提高它们的税负水平，统一了国内外资企业油气资源税的税制，取消对中外合作相关矿区使用费的征收，统一改征资源税。2011年国务院常务会议通过了《中华人民共和国车船税法》，该法在征收管理、计税依据、征税范围和税收优惠等方面进行了改革，使得相关税种的绿色化得到逐步提高。三是与雾霾防治的机构和队伍建设得到了较快的发展。在此阶段中国大部分省会城市和省级辖市设立了相应的环境管理机构，为中国雾霾防治税收政策的发展提供了组织机构保障。[①]

（四）雾霾防治税收政策逐步完善阶段

雾霾防治税收政策逐步完善阶段是在2013年以后。随着中国经济的快速发展，老百姓的生活水平得到了显著提高，家用汽车保有量持续增长，汽车对汽油的需求不断增加。与此同时也带来了大气污染，生态环境日益恶化。中国部分地方雾霾天气的时间持续增加，严重威胁到群众的身体健康，给人们的工作生活带来了极大的不便，雾霾防治工作已经成为环境保护的重中之重。中国雾霾防治税收政策进入了逐步完善阶段，这一时期颁布的相关雾霾防治的主要政策法规如表5－8所示。从表5－8的分析中可以看出，税收政策在应对环境污染中的重要作用已经被中国政府充分

① 周景坤：《我国雾霾防治税收政策的发展演进过程研究》，《当代经济管理》2016年第9期。

表5－8　　雾霾防治税收政策完善阶段的政策措施及特点

主要政策	阶段特点
关于享受资源综合利用增值税优惠政策的纳税人执行污染物排放标准有关问题的通知（2013） 关于对废矿物油再生油品免征消费税的通知（2013） 关于调整进口天然气税收优惠政策有关问题的通知（2013） 关于实施煤炭资源税改革的通知（2014） 关于提高成品油消费税的通知（2014） 关于免征新能源汽车车辆购置税的公告（2014） 国务院关税税则委员会关于调整煤炭进口关税的通知（2014） 推动大气污染治理促进发展方式转变——国家调整成品油等部分产品消费税政策（2014） 关于免征新能源汽车车辆购置税的公告 关于节约能源 使用新能源车船车船税优惠政策的通知（2015）等	雾霾防治的工作成为环境重点，对雾霾防治工作的投入力度逐步加强，相关税收政策的调整以大气减排为战略指导方针，采用了税收限制性措施与激励性措施并存的方式防治雾霾

认识到，并在税收政策改革和完善的过程中，逐步调高税制的绿化程度，以积极应对雾霾天气。此阶段的特点主要有：一是雾霾防治工作成为保护环境的重点工作。2014 年第十二届全国人民代表大会第二次会议首次将“治理雾霾”写进政府报告，这说明了政府已经充分认识到雾霾防治工作成为迫切需要解决的问题。二是对雾霾防治工作的投入力度逐步加强。2013 年以来，针对越来越严重的雾霾天气，国家提出了一系列新的税收政策，温总理在 2013 年 3 月 5 日的第十二届全国人民代表大会第一次会议上提出了要结合税制改革完善结构性减税政策，以此逐步提高税制的绿色化。三是相关税收政策的调整以大气减排为战略指导方针。2013 年的《能源发展“十二五”规划》以及《大气污染防治行动计划》所提到的相关政策的调整都是以大气减排为指导方针进行的。四是采用了税收限制性措施与激励性措施并存的方式防治雾霾，例如，2014 年国家发布了《关于进一步提高成品油消费税的通知》和《关于提高成品油消费税的通知》，通过提高成品油消费税来限制中国尾气排量大的汽车数量，同时还发布了《关于免征新能源汽车车辆购置

税的公告》，通过免征新能源汽车车辆购置税来促进公众购买新能源汽车，这些都很好地体现出中国采用了税收限制性措施与激励性措施并存的方式防治雾霾。[①]

（五）中国雾霾防治税收政策的发展趋势

通过梳理中国雾霾防治相关税收政策的发展演进过程，对现行相关税种进行分析，从而探究中国雾霾防治税收政策的发展趋势。

1. 雾霾防治相关税种逐步增加

通过以上分析可以看出，中国大部分税种并不是针对大气污染防治而设计的，且与雾霾防治相关的内容很少，并不足以应对中国严重的雾霾防治形势。因此，必须根据中国雾霾天气产生危害的特点，针对性地逐步增加雾霾防治的税种，这样才能更好地应对中国的雾霾危害。国外相关的新税种选择对中国具有重大的借鉴意义，如荷兰在保护大气环境方面的税种设计主要有以下两大类：第一类是针对大气排污的税种，主要包括碳税、硫税、燃料税等；第二类是针对破坏生态环境的行为税，包括生活垃圾税等。除此之外，荷兰还开征了机动车特别税、能源调节税等。美国构建了相对完善的环境税体系：其一是针对石油等自然资源征收开采税；其二是与汽车相关的，包括汽油税、汽车的销售税、使用税、消费税等；其三是开征专项的环保税，即碳税、硫税；其四是对破坏臭氧层环境的化学品开征的消费税。国际上很多国家针对环境污染，治理雾霾所开设的税种大同小异，但都紧密结合本国的国情特点。而中国作为一个生产性消费大国，大气环境复杂，涉及的因素相对较多，因此中国应根据雾霾产生的危害因素，从增加以下两大类税种来完善现行税种：第一类就是环境税，主要包括碳税、硫税，氮税等对大气环境污染比较强的税种；第二类就是能源税，包括资源开采税、能源消耗税等制约高耗能、高污染能源所开设的税种。[②]

---

① 周景坤：《我国雾霾防治税收政策的发展演进过程研究》，《当代经济管理》2016 年第 9 期。

② 同上。

2. 雾霾防治的税收体系不断完善

雾霾防治的税收体系主要由综合性和专门性税种、配套措施、财政补贴及其他优惠政策等要素组成。中国的雾霾防治税收政策体系从中华人民共和国成立以来，经历了从萌芽、不断探索、逐步完善这样一个发展过程。经过多年的发展已经形成了基本的税收体系，但是，在应对中国严峻的雾霾恶劣环境形势下，还是显得非常乏力，因此仍然需要不断完善雾霾防治的税收体系。首先是对相关税收实施绿化转型，例如，将流转税向环境税转型，开征综合性和专门性的环境税等来完善中国的税收体系，同时可以为中国资源的合理利用，大气污染减排的激励机制和环保资金提供保障。其次，中国当前的税率还需要进一步提高，从而更好地抑制人们对能源的需求，特别是针对雾霾天气的燃油税、煤炭税等。最后要进一步提高税收优惠措施，对于一些生产和销售清洁能源的企业，应给予适当税收优惠，以促进它们的快速发展。①

3. 对现行雾霾防治税收政策的进一步优化

尽管中国现行雾霾防治的相关税种在一定程度上对雾霾的治理起到了积极作用，但防治效果还是不理想，因此，政府应重点对以下几个方面进行改进优化。

（1）调整消费税政策的内容

调整消费税政策的内容指的是从扩大中国消费税的征收范围开始，把高耗能产品、高污染消费品、资源消耗品等不符合雾霾防治标准的物品都纳入消费税的征收范围中；同时适当调低那些排气量较低的汽车、电动车、摩托车、太阳能汽车等的税率，进一步提高尾气大排量汽车消费税的税率。②

（2）优化现行资源税

优化现行资源税指的是要将那些尚未纳入资源税征税范围的重要资源纳入征税体系，如草地资源、海洋资源、淡水资源、森林资源等；优化计

① 周景坤：《我国雾霾防治税收政策的发展演进过程研究》，《当代经济管理》2016 年第 9 期。

② 同上。

税的方法，采取定额税率的方法，即将目前按应税资源产品销售量的计税方法改成按实际产量计税的方法；合并所征税的各类税种，将其并入资源税中。[①]

（3）调整车船使用税、车辆购置税政策内容

调整车船使用税、车辆购置税政策内容指的是政府改革现行车船使用税的计税准则，对其实行有差别的征税，以其不同程度的能耗水平作为标准；对于那些以绿色能源作为动力，符合雾霾防治标准的车辆，可以根据低耗能的程度采取减免征收车辆购置税等优惠政策。[②]

（4）改革现行的排污费、附加费等收费政策

对现行的一些排污费、附加费进行改革，即“以税代费”是国际上的发展趋势，目前西方发达国家已有成功的经验，如它们针对环保实施的硫税、能源税、碳税、氮税等污染税与国家的排污收费很类似，所以对中国的排污费进行“以税代费”既是对国际经验的借鉴，更是中国发展的大势所趋。[③]

4. 税收政策与其他政策措施进一步融合

为了更好地利用税收政策在雾霾防治方面取得效益的最大化，今后的税收政策必然还要加强与其他政策的相互配合。

（1）加快环境税制改革的进度

目前中国在保护大气环境税种中的首要任务就是进行税收制度改革，即实现“费改税”，加快立法改革的步伐，完善相关立法工作，从而使得中国在雾霾防治资金的征收管理上可以做到有法可依；同时完善中国已开征的燃油税等相关税种的基本法规，从而更好地为中国雾霾防治的资金来源提供保障。[④]

---

① 周景坤：《我国雾霾防治税收政策的发展演进过程研究》，《当代经济管理》2016 年第 9 期。

② 同上。

③ 同上。

④ 同上。

（2）充分发挥财税政策在资源配置中的重要作用

财税政策在资源配置中将会起到更重要的作用，通过财政的专项支持可以引导一些低耗能、低污染的清洁能源项目的发展，进而促进节能减排。另外还包括财政的补贴，如对太阳能、风能的标准化补贴等，这样可以落实对可再生能源的支持政策。政府通过将税收政策改革与其支出、补贴结合在一起，进一步减少能源消耗以及减排和低碳化，进而达到减少雾霾发生的目的。①

（3）改进其他与税收政策相配套的措施

除了法律和财政与税收政策配合作用之外，还需要其他的配套措施，为雾霾防治税收政策提供服务，一方面需要有相关的税收优惠措施，中国在这一方面应该引进和借鉴国际先进经验，实现税收限制性措施和激励性措施并存，通过直接或间接的防治雾霾的税收体系去引导人们的思想及其行为。例如对一些有利于减少污染的清洁能源、产品等实行减税或免税的税收优惠措施，以促进它们的发展，进而更好地替代那些高污染、高耗能的能源和产品。对另一些具有高污染、高耗能的能源及其相关产品则提高税率，以减少人们对其的消费。另一方面中国需要建立相应的监督配套措施，以保证雾霾防治税收政策健康顺利发展，如加强对环境保护金融政策措施的监管，以保证政策能实施到位，以提高资金在环境保护方面的聚集度。②

三　中国雾霾防治金融政策的发展演进过程

就中国利用金融政策进行雾霾防治的由来及其发展情况，在对资料进行收集和整理后将其演进过程分为萌芽、探索、发展和持续改进四个阶段。

（一）雾霾防治金融政策的萌芽阶段

雾霾防治金融政策萌芽阶段的主要政策措施如表5－9所示。

① 周景坤：《我国雾霾防治税收政策的发展演进过程研究》，《当代经济管理》2016年第9期。

② 同上。

表5-9　　雾霾防治金融政策萌芽阶段的政策措施及特点

主要政策	阶段特点
环境保护法（1979） 征收超标准排污费财务管理和会计核算办法（1984） 中华人民共和国大气污染防治法（1987） 国务院办公厅转发人民银行关于加强金融宏观调控支持经济更好更快发展意见的通知（1992） 国务院批转审计署关于审计一九九〇年度国际金融组织贷款和国外援助项目情况报告的通知（1992） 国务院办公厅关于成立国家长期开发信用银行筹备组的通知（1993）等	由于中国对大气污染防治刚刚起步，该时期尚未形成规范体系，其政策对象范围十分狭隘，更多地表现为政府的强制性介入

雾霾防治金融政策萌芽期的时间是1978—1993年。“雾霾”一词在中国被用来表述一种危害性的天气现象是近几年才开始的，在此阶段，中国的雾霾天气产生的频率比较低，当时还没有较强的防治雾霾的意识。国家相应的政府单位并未颁布实质性的，明显可以算得上是金融政策的大气污染防治手段，在此时间里，中国的大气污染防治才刚刚起步，因此，对于该以怎样的政策和标准去限制污染源还没有很好的界定方式。也可以说，这一切是在摸索中前行的，期间主要以规范为主，因此该时期内的政策对象范围相对较窄，在防治方面尚未形成资金的融资意识。防治资金的来源主要是国家的补贴，并未涉及广大的社会金融市场，可这一切都为雾霾防治金融政策的产生埋下了伏笔。那些经过认证的企业或单位在未来的发展中所获得的金融支持也会受到这些认定或标准的影响。因此萌芽阶段的主要表现是由国家直接干预，是政府主导型的政策方针。国家直接干预有着很好的强制性，对污染源具有很好的约束。①

（二）雾霾防治金融政策的探索阶段

雾霾防治金融政策探索阶段的主要措施如表5-10所示。

① 王文华、周景坤：《雾霾防治的金融政策之演进及展望》，《江西社会科学》2015年第11期。

表5－10　　雾霾防治金融政策探索阶段的政策措施及特点

主要政策	阶段特点
国务院关于核准《中华人民共和国与国际开发协会开发信贷协定（环境技术援助项目）》的批复（1993） 国务院办公厅关于成立中国进出口信贷银行筹备组的通知（1993） 国务院办公厅关于成立国家长期开发信用银行筹备组的通知（1993） 推动中国二氧化硫排放总量控制及排放权交易政策实施的研究（2001） 国务院关于印发深化农村信用社改革试点方案的通知（2003） 环境影响评价法（2003）等	中央和地方开始积极引进国外相关经验并积极利用金融政策工具，同时中国首例排污权交易顺利实施

雾霾防治金融政策探索阶段指的是1993年到2003年这一时期。没有充足的资金支撑，要想根治雾霾天气是不可能，因此调动社会资金来治理雾霾是最有效的方法之一。由表5－10可以看出，尤其自2001年以来中央和地方开始积极引进和利用金融政策防治雾霾，2001年4月国家环保局更是与美国环保协会共同推出了《推动中国二氧化硫排放总量控制及排放权交易政策实施的研究》项目。2001年9月，江苏省南通市率先顺利实施中国首例排污权交易。这标志着中国雾霾防治金融政策正式步入发展期，进入了正式的发展轨道。[①]

（三）雾霾防治金融政策发展阶段

雾霾防治金融政策发展阶段的主要措施如表5－11所示。

雾霾防治金融政策发展阶段指的是2004年至2012年这一时期。自2005年开始，国务院每年都会把生态补偿机制建设列为年度工作重点，而且在2010年把研究和制定生态补偿条例放入了立法计划，因此，为生

① 王文华、周景坤：《雾霾防治的金融政策之演进及展望》，《江西社会科学》2015年第11期。

表5-11 **雾霾防治金融政策发展阶段的措施及特点**

主要政策	阶段特点
国务院关于投资体制改革的决定（2004） 国务院关于推进资本市场改革开放和稳定发展的若干意见（2004） 关于落实国家环境保护政策控制信贷风险有关问题的通知（2006） 关于落实环境保护政策法规防范信贷风险的意见（2007） 关于全面落实绿色信贷政策进一步完善信息共享工作的通知（2009） 关于试行环境污染责任保险工作的通知（2011） 绿色信贷工作管理办法（2011） 落实企业环保政策法规防范信贷风险的意见（2012） 绿色信贷指引（2012） 关于氨氮等四项污染物排污权交易基准价及有关问题的通知（2012） 环境安全保证金管理暂行办法（2012） 温室气体自然自愿减排交易管理暂行办法（2012） 关于完善垃圾焚烧发电价格政策的通知（2012） 中国清洁发展机制基金有偿使用管理方法（2012）等	这一阶段政策涉及领域广，金融手段呈现出多样化趋势，政策对雾霾源头治理的针对性加强，因此生态补偿机制日益完善

态补偿机制的建立迈出了重要步伐，为完善生态补偿机制打下了坚实的基础。2007年7月，环保总局、中央银行、银监会共同出台了《关于落实环境保护政策法规　防范信贷风险的意见》，这意味着绿色信贷这一金融政策将全面进入中国雾霾防治体系中。绿色信贷的本质其实就是更好地处理金融业与可持续发展之间的关系，其主要做法是增援生态保护、生态建设以及绿色产业的融资，以全面构建新的金融体系和完善金融政策结构。在随后的几年里，政府陆续出台了包括专项保险、专项资金、债券、证券等在内的关于雾霾防治的金融政策，并且在全国各地不

断展开试点。由此可见，雾霾防治金融政策在发展的时期里所涉及的领域是相当广泛的，在防治手段方面也摆脱了单一模式而逐渐多样化。从生态补偿的原则中可以看出雾霾防治金融政策对雾霾形成源头治理的针对性加强这一特点，许多政策直接指向形成雾霾危害的元凶并施以针对措施。在这一时期里，雾霾防治金融政策也显现出政策尚不成熟，处于摸索阶段的不足，金融政策防治机制尚未成形，缺乏统一性且政府的干预性仍然较强。政府直接的干预活动，尤其是利用金融政策拉动总需求事实上很难进入服务业、文化产业、创意产业，因此不足以发挥其智力要素的作用，大多只能在一些如修铁路、建机场等高耗能、高投资的产业上起效，而这些产业都对电力、钢铁有着大量的需求。但是，这也并非否定基础设施建设的重要性。雾霾的治理应由以行政治理为主向经济治理为主的模式过渡，由市场来决定和约束才会更好地为雾霾防治寻求更大的出路，才能更好地有效防治雾霾。①

（四）雾霾防治金融政策持续改进阶段

雾霾防治金融政策持续改进阶段的主要措施如表5－12所示。在雾霾污染愈发严重的当前，对于雾霾防治的金融政策已经发展形成一定的雏形。在历经了2013年号称中国雾霾灾害最严重的一年以后，有关雾霾防治的金融政策已经到了持续改进的阶段。2014年8月《关于进一步推进排污权有偿使用和交易试点工作的指导意见》发布，要求在2015年底前各个试点地区必须完成核准现有排污权，到2017年底初步建立有偿使用排污权的制度体系，为实行排污权的有偿使用以及相关交易制度奠定了基础。伴随着其他金融政策的局部完善，中国已经形成了初步的雾霾防治金融政策体系，之后将显现出政府引导下的以市场调节为主的发展特点。政府直接干预的领域相对弱化，这表明对大量工业的投资减少，而这些都对环保产业有着积极的发展意义。政府的直接干预淡化，还相应地加快了利率和汇率市场化进程。

---

① 王文华、周景坤：《雾霾防治的金融政策之演进及展望》，《江西社会科学》2015年第11期；梁猛：《节能减排的金融支持之道》，《中国金融》2009年第16期。

出口工业品比例高是造成大气污染的一个主要原因。2008 年，中国的净出口量达到了国民生产总值的将近 9%，这与第一经济大省——广东的经济总量平分秋色，但近几年略有下降。值得注意的是，这与中国汇率的非市场化特点有关。相反，假如可以实现汇率价格的市场化，在一定程度上会改变这种局势。中国人民银行的主要负责人曾说央行将会基本退出常态式外汇市场干预。另外，中国存款利率尚未实现市场化，这对银行而言，成本会偏低，因此使银行对贷款的流向不太敏感，部分贷款流向能源强度较高但利润率较低的行业。倘若可以实现利率的市场化就能让利率价格机制更好地发挥作用，能够遏制落后产能以及污染物的排放。继续加大环保资金的整合力度，防治环境污染已经成为全国性的问题，不管是治理雾霾还是地下水污染的治理，都必须在多个地区以及多个行业范畴内进行联合治理。环保产业发展离不开政策的支持，同时需要政府大量投资来改善其发展环境。中国在过去 10 年里的环保投入大约是 3 万亿元到 3.5 万亿元。就国外的治理情况来看，若要落实“美丽中国”这一目标，在环保方面的投入最少要提高至占 GDP 的 3% 以上。据估计，依照经济的增长率以及环境保护的程度预测，在未来 10 年里的环保投入约计 10 万亿元，在这些投入中中央政府占 2 万亿元，年均 2000 亿元。资金不足已经成为阻碍环保产业发展的重大难题，光靠国家财政投入是远远不够的。在这种情况下应该积极完善相关政策，改革治理方式，努力寻找环境治理的合理市场化机制，加快发展环保服务行业，积极推行合同环境的服务形式，激励民营资本踊跃参与到环境治理领域中来，在参与准则、税收、技术、人力等各方面予以鼓励和帮助，为环境治理补充强劲的发展力量。为建设全国性的污染物排放交易市场机制，党的十八届三中全会决定将加快建设环保市场，实施节约能源、碳排放权、排污权以及水权的交易准则，成立促使社会资本参与生态环保的市场化机制，落实环境污染的第三方治理机制。中国相当多的地区都已成立了污染物排放权的相关交易平台，这有利于企业进行绿色低碳科技创新，推进产业结构转型的完善等。然而，它也流露出“零供给”、技术、来往交易等方面的窘境。因此加快引进市场机制建设，着重打造基于总量持有和以经济利益激励为主的全国性污染物排放权的相关交易平台，将是中国创新雾霾防治，高效完成相关的约束性标准，实现全社会雾霾治理成本最小化的不二选择。除此之外，努力完善符合国情的排污权交易的相关法律法规，有效明确各方权利和义务，完善配套的监督管理体制，确保总量控制标准的整体落实；加紧对排污权交易市场的规范化，制定相应制度，有效利用信贷政策对排污权交易市场实施宏观调控，增加财政、金融等方面的支持，优化技术条件，让其越来越科学规范。①

表5-12 **雾霾防治金融政策持续改进阶段的政策措施及特点**

主要政策	政策特点
关于开展环境污染强制责任保险试点的指导意见（2013） 关于绿色信贷工作的意见（2013） 关于调整可再生能源电价附加标准与环保电价有关事项的通知（2013） 2014年地方政府债券自发自还试点办法（2014） 进一步推进排污权有偿使用和交易试点工作的指导意见（2014） 碳排放权交易管理暂行办法（2014） 关于调整排污费征收标准等有关问题的通知（2014） 重点地区煤炭消费减量替代管理暂行办法（2014） 国务院办公厅关于进一步推进排污权有偿使用和交易试点工作的指导意见（2014） 关于推进林业碳汇交易工作的指导意见（2014）等	排污交易制度不断完善，利率逐步市场化，金融体系形态初现雏形，治理及投入力度持续加大，进一步推进经济干预治理的力度

（五）金融政策发展趋势

从中国雾霾防治金融政策的发展过程来看，其发展趋势主要有以下几个方面。

① 王文华、周景坤：《雾霾防治的金融政策之演进及展望》，《江西社会科学》2015年第11期；闫世辉：《我国环境政策的反思与创新》，《环境经济》2004年第6期。

1. 政策性银行应用进一步推广

政策性银行在发达国家和发展中国家的基本职能都是一样的，就是配合国家的经济发展来制订规划，以确定重点支持的行业和企业，带动全国经济的发展。[①] 在国家经济的恢复期和经济起步时期，这一功能将成为国家干预以及调节经济的一种极为有效的重要工具，并且作为政策性的金融机构还可以弥补市场机制本身所具有的局限性，因而在资本市场并不发达的情形下，可以与商业银行相互查漏补缺来完善其自身。雾霾防治被归纳到政策性银行扶持内容中，这可以让政策性银行在其本身的内涵和外部延伸上都获得扩展。在内涵上它包括了以雾霾防治为基础的全新的金融政策方向，在外部延伸上它将把贷款的重点变更到加快贫困地区的发展、社会基础设施建设，尤其是雾霾防治方面。[②]

2. 商业银行环保金融服务范围进一步扩展

面对恶劣的环境灾害，中国政府已经对环保产业做了较大投入。而商业银行身为社会投融资机制里尤为重要的一环，必然在支持环保产业的队伍中发挥着更大的作用。商业银行能增加对环保产业在信贷方面的帮助，促进环保产业的发展，促进环保产业融资向多元化迈进。首先，商业银行对环保设备的生产企业能给予大力支持，尤其是对近年来雾霾污染方面的新兴科技企业的支持。环保设备是环境保护的基础，只有生产和利用良好的环保设备，才能有效地保护环境，因此对于这类利用新兴科技保护环境的企业，商业银行应该积极地、重点地给予信贷支持。其次，商业银行能积极参与环保企业的并购重组。环保产业迅猛发展离不开环保企业以重组和联合为特点的大改革，以使得环保产业能真正在良性轨道上继续发展。未来中国的环保企业将会出现分化，特别是在雾霾愈发严重的影响下更会加快这种分化。一方面将形成依靠环境类项目融资和工程承包以及运营管理为主的企业，其技术、人力、财产、社会资源也会相对丰富，这些以管理科学为辅的大型综合性企业，将成为环

① 周纪昌：《国外金融与环境保护的理论与实践》，《金融理论与实践》2004 年第 10 期。

② 王文华、周景坤：《雾霾防治的金融政策之演进及展望》，《江西社会科学》2015 年第 11 期。

保产业的重点对象；另一方面专业化程度高的中小型企业将会增多，这类企业擅长某种技术，专注特定产品或做中介服务，范围小、人员专以及经验丰富，从而保证了企业可以获得较好的利润收益。这两种类型的企业都将是商业银行的主要客户。最后，努力探索雾霾防治服务性企业的创建。眼下中国的环保服务企业主要是对“三废”的处理利用，而且主要靠政府拨款。然而，非市场化的操作无法实现自负盈亏，因而对吸引社会性投资的作用不大。环保服务行业是环保产业的主要单元，在长期低效运行和亏损状况下会影响环保产业的发展，因而商业银行应该积极抓住机会，利用其本身职能，努力与政府有关部门协作，以寻求更多金融服务方式。①

3. 对雾霾防治中小企业的金融帮扶应加快推进

环保产业中的中小企业要想得到银行贷款是不容易的，尤其是以非公有制为基础的中小型环保企业难度更大。为了更好地解决雾霾防治中小企业从银行得到贷款比较困难这一难题，同时鉴于中国雾霾形势的严重程度和环保行业发展的不健全，银行需要提供更多的资金来帮扶雾霾防治中小企业。只要是满足贷款标准的企业对象，就应当给予帮扶。政府应鼓励构建及促进有关担保融资行业机构的发展，有效推进企业从银行获得资金的方式。中国不少地区已经有部分自足性质的商业担保企业，然而，由于政策上的种种原因最终导致它们无法为中小型环保企业做担保。环保产业在一定意义上携带公益性，因此政策性银行需要为环保企业所承办的影响深远的项目提供资金上的帮助。当然也有部分环保企业能够吸引社会资本的融入并获得很好的效益。然而，为使环保产业得到加速并且良性的成长，政府仍然应该在政策上给予更多的帮助，而且对处于此行业中公益性强或者很难获得盈利的企业，政府应给予银行贷款的相应贴息，这也是很好的方式。②

---

① 王文华、周景坤：《雾霾防治的金融政策之演进及展望》，《江西社会科学》2015年第11期。

② 同上。

4. 雾霾防治的资本市场得到加快培育

良好的资本市场能够帮助雾霾防治进行有效的投融资，能够更好地进行资源分配，也可以为环保企业的资本流动保驾护航。因此雾霾防治的资本市场必须得到加快培育。第一，允许绿色企业在上市方面获得优先权。在这方面可以采用西方模式，对上市企业在环保方面进行评估，对于不能达到环保规定要求的企业和项目，坚决拒绝其上市，就算该组织拥有怎样优秀的财务表现也不能放宽环保要求，必须拥有同样的前提因素，一些有利于环境保护的企业在上市方面可以优先考虑。[①] 第二，可以鼓励有市场前景和技术优势的相关企业发行债券来融资，也可以发行可转换债券和项目融资等方式筹资。[②]

5. 绿色消费得到进一步普及

每位公民都是环境的消费者，也是雾霾灾害产生的成本支付者。雾霾防治需要全民的共同参与，而改善雾霾污染环境的最终出路就在于对公民的治理。公民的治理既要求其养成良好的环保习惯，也要培养公民积极参与环保的意识。个人的环保意识越好，对企业的外部监督也就越大，同时政府治理污染的能力也就越强。雾霾防治无法背离超出利益所盘算的社会合力。借鉴英国的治理方法，政府激励环保，人人积极环保，环保理念的传播和发扬是促使伦敦摘掉“雾都”头衔的深层次原因。基于中国恶劣的雾霾情况，更需要每一个公民都增强减排意识，全面实现绿色转型，这其中包含着发展观念、生产以及生活方式的转变。鼓励人民群众合理利用能源，节约使用资源，积极做到低碳生活、绿色出行、绿色消费，让人人自觉减少污染物的排放。[③]

中国虽然从中央到地方政府都已建立了相对成形的雾霾防治金融政策体系，但是并没有取得预期的效果，这是由于雾霾污染问题的复杂性所决定的，因此需要将雾霾污染防治工作与人口、资源、环境、文化、政治等

---

① 孙洪庆、邓瑛：《对发展绿色金融的思考》，《经济与管理》2002 年第 1 期。

② 王文华、周景坤：《雾霾防治的金融政策之演进及展望》，《江西社会科学》2015 年第 11 期；任辉：《环境保护、可持续发展与绿色金融体系构建》，《现代经济探讨》2009 年第 10 期。

③ 王文华、周景坤：《雾霾防治的金融政策之演进及展望》，《江西社会科学》2015 年第 11 期。

因素相协调，使得雾霾污染问题的解决与社会、经济等和谐发展，这样才能使雾霾污染防治金融政策起到事半功倍的成效。雾霾灾害的产生并不是单纯的天灾。一次又一次的雾霾天气发生过后，我们不能将其带给我们的伤害忘记，我们应该时刻提醒自己，雾霾防治不单单是国家的事，还是每一个社会个体都应该共同努力的事。减少排放人人有责，这个责任既是政府的，也是企业的，同时更是我们每一位公民的。环保部门要做好宣传、科普以及引导工作，积极引导全社会公民提高自身的环保意识，同时增强良性的互动，发挥桥梁作用，积极鼓励全社会踊跃参与大气污染的防治。身为普通的民众，在督促“生产”这一环节的时候，更应自省其身，从自我做起，全力做好一名低碳合格的“消费者”，合理“消费”，杜绝“抛弃”。政府虽然在保护环境和治理污染方面有着直接的责任，但是，若每个人都只依靠政府，仅仅把希望托付给他人，却连身边的点滴小事也不肯做，那么美好的环境终究只是镜花水月。治理雾霾是一项复杂的难题，即使我们只能背水一战，但相信只要有政府的积极措施，企业的踊跃参与，社会各界的同甘共苦，那么在未来必定会打造出一个绚烂多彩的生态文明生活圈。[①]

四　中国雾霾防治产业政策的发展演进过程

随着中国社会经济的发展，生态环境日益恶化，中国雾霾防治的产业政策也不断发生着变化。中国改革开放以来，雾霾防治产业政策的发展演进过程可归纳为萌芽、起步、发展和完善四个阶段。

（一）雾霾防治产业政策萌芽阶段

中国雾霾防治产业政策萌芽阶段的主要措施如表 5 - 13 所示。[②]

---

① 王文华、周景坤：《雾霾防治的金融政策之演进及展望》，《江西社会科学》2015 年第 11 期。

② 中华人民共和国年鉴网，http：//lib. cnki. net/cyfd/D049-N2014040033. html。

表 5 - 13　　雾霾防治产业政策萌芽阶段的政策措施及特点

主要政策	政策特点
环境保护法（1979） 中国取消高效节能汽车产量的限制（1983） 国务院作出关于环境保护工作的决定（1985） 中华人民共和国大气污染防治法（1987） 城市烟尘控制区管理办法（1987） 中华人民共和国环境保护法（1989） 国务院关于进一步加强环境保护工作的决定（1990） 中华人民共和国大气污染防治法实施细则（1991） 国务院关于增建国家高新技术产业开发区的批复（1992）	在立法层面开始加强环境保护相关法律法规的制定，同时在产业结构层面，该阶段初步涉及了相关政策措施的内容

雾霾防治产业政策萌芽阶段是指从改革开放到20世纪90年代初，这一时期是中国计划经济体制逐渐瓦解，社会主义市场经济体制初步形成阶段。1978年，党的十一届三中全会实施了改革开放政策，使中国开始与世界经济逐步接轨，社会经济快速发展，但由于当时生产力水平低下，走的是先污染，后治理的道路，尤其是以重工业为主的发展道路，导致了不少环境问题，雾霾污染天气开始显现。这个时期产业政策才刚开始规划，特点并不是十分突出。这个时期是政治制度并不完善的时期，国家机构的设置及其职能、职权范围都比较模糊，责任主体不够明确，导致各种环境问题的出现。如1982年成立了归属于城乡建设部的环境保护局，由于社会分工，职权划分不够详细，环境问题的责任主体不清，导致该阶段社会环境管理比较松懈，社会矛盾重重。直到1988年，在国务院下面成立了国家环境保护局，这才开始慢慢重视环境保护工作，与大气污染相关的产业及政策，也有了一些简单的规定。

（二）雾霾防治产业政策起步阶段

雾霾防治产业政策起步阶段的主要政策措施如表5 - 14所示。[①] 雾霾防治产业政策的起步阶段指的是1993年至2003年这一时期。从20世纪

① 中华人民共和国年鉴网，http：//lib. cnki. net/cyfd/D049-N2014040033. html。

90 年代初到 21 世纪初这一段时间里，中国的社会主义市场经济经历了从建立到发展的阶段。这一时期，中国社会经济迎来了大发展时机，同时也面临着极大的挑战。城乡建设，贫富差距逐渐扩大，城市经济建设突飞猛进，取得了较大的成就，创造出许多奇迹，但城市环境也日益恶化。雾霾天气开始在北方工业重镇和发达城市中有所出现。这一阶段产业政策所呈现的特点主要是对部分违规和污染较大的产业链进行整顿和调整，并开始探索和完善国家环境保护法规，对引起雾霾天气的相关产业进行细化，政策开始向产业延伸，各个击破，尤其对煤炭等污染大的产业链进行严格把关，一方面进行整顿，另一方面严格安全生产，关闭小煤矿。森林法的制定和实施，在一定程度上对雾霾污染起到了防治作用，对森林树木的合理砍伐，循环再生利用，使中国大气环境维持在相对稳定的状态，不少政策向其他相关产业延伸，对雾霾污染起到了一定的防治作用。1998 年，国家环境保护局升格为国家环境保护总局，机构的转变，在职能和权限方面都有了一定的扩展，这对中国雾霾防治产业政策的实施，具有一定的基础保障作用。把雾霾防治产业政策细化，权责越来越明确，执法力度不断强化，并开始探索新能源，以减轻环境压力，同时对环境污染治理投资也逐渐加大。

表 5－14　　雾霾防治产业政策起步阶段的政策措施及特点

主要政策	政策特点
全国环境保护纲要（1993—1998）（1993） 国家环境保护总局关于印发一九九五年环境保护工作要点的通知（1994） 中华人民共和国大气污染防治法（1995） 国务院关于环境保护若干问题的决定（1997） 加强乡镇企业环保工作的规定（1997） 国家环境保护总局关于印发“九五期间”全国主要污染物排放总量控制实施方案（试行）的通知（1997） 关于限期停止生产销售使用车用含铅汽油的通知（1998） 全国生态环境建设规划（1998） 国务院五部局联合发出保护环境的通知（1999） 保护臭氧层行动：中国化工行业整体淘汰 CFC 计划（1999）	

续表

主要政策	政策特点
全国生态环境保护纲要（2000） 国务院办公厅关于进一步做好关闭整顿小煤矿和煤矿安全生产工作的通知（2000） 国土资源部：关于进一步治理整顿矿产资源管理秩序的意见（2000） 中华人民共和国清洁生产促进法（2001） 国务院办公厅转发发展改革委等部门关于制止钢铁电解铝水泥行业盲目投资若干意见的通知（2003）等	随着环境保护和对大气环境重视的加强，该阶段雾霾防治产业政策范围进一步扩大，开始探索环境法规建设，并加大对违规、重污染产业的整治

（三）雾霾防治产业政策发展阶段

雾霾防治产业政策发展阶段的主要政策措施如表5－15所示。①

表5－15　　雾霾防治产业政策发展阶段的政策措施及特点

主要政策	政策特点
国务院关于废止《汽车工业产业政策》的批复（2004） 国务院出台关于促进煤炭工业健康发展的若干意见（2005） 钢铁产业发展规划（2005） 国务院关于加快发展循环经济的若干意见（2005） 可再生能源产业发展指导目录（2005） 国务院办公厅关于坚决整顿关闭不具安全生产条件和非法煤矿的紧急通知（2005） 关于鼓励发展节能环保型小排量汽车的意见（2005） 国家发改委：煤炭产业政策（2007） 城市生活垃圾管理办法（2007） 关于进一步加强生态保护工作的意见（2007） 关于印发可再生能源建筑应用城市示范实施方案的通知（2009） 关于印发加快推进农村地区可再生能源建筑应用的实施方案的通知（2009） 关于发布国家环境保护标准《综合类生态工业园区标准》的公告（2009）	重视对中国环境保护的形势分析，推进大产业的健康发展，落实科学发展观，节能减排，鼓励使用清洁能源，发展探索新能源，逐步加大环境保护方面的投入，重点整治大气污染；对生态环境的保护进行重点规划，督促企业参与雾霾防治，共同抵抗雾霾污染

① 中华人民共和国年鉴网，http：//lib.cnki.net/cyfd/D049-N2014040033.html。

续表

主要政策	政策特点
国家出台降碳减排新政　引导印刷业绿色发展规划（2010） 国务院关于加快培育和发展战略性新兴产业的决定（2010） 关于鼓励发展节能环保型小排量汽车的意见（2010） 关于组织开展资源节约型和环境友好型企业创建工作的通知（2010） 国资委拟限制央企盲目投资矿产资源产业（2010） 国家出台降碳减排新政：引导印刷业绿色发展（2010） 中国出台关于海上风电发展的配套法规（2010） 钢铁行业生产经营规范条例（2010） 关于加快推行合同能源管理促进节能服务产业发展意见的通知（2010） 煤炭业“十二五”主推跨区重组（2011） 关于进一步推进公共建筑节能工作的通知（2011） 工业转型升级规划（2011） 煤层气（煤矿瓦斯）开发利用“十二五”规划（2011） 2011 年中国工业领域应对气候变化和低碳发展（2011） 关于组织推荐工业循环经济重大技术示范工程的通知（2011） 关于建立工业节能减排信息监测系统的通知（2011） 关于开展 2011 年度重点用能行业单位产品能耗限额标准执行情况和高耗能落后机电设备淘汰情况监督检查的通知（2011） 工业领域应对气候变化行动方案（2011） 关于公路水路交通运输行业落实国务院“十二五”节能减排综合性工作方案的实施意见（2011） 国务院关于加强环境保护重点工作的意见（2011） 国务院关于印发国家环境“十二五”规划的通知（2011） “十二五”全国环境保护法规和环境经济政策建设的规划（2011） 工信部等发布工业清洁生产“十二五”规划（2012） 2012—2020 年工业领域应对气候变化行动方案（2012） 七省份启动碳排放交易试点（2012） 关于加快推动我国绿色建筑发展的实施意见（2012） “十二五”国家战略性新兴产业发展规划（2012） 节能与新能源汽车产业发展规划（2012—2020） 工业和信息化部关于进一步加强工业节能工作的意见（2012） 关于发布 2011 年度化工行业重点用能产品能效标杆指标及企业的通知（2012） “十二五”建筑节能专项规划（2012） 重点区域大气污染防治“十二五”规划（2012）等	

中国雾霾防治产业政策发展阶段是从2004年到2012年，即“十五”计划后两年与“十一五”规划这一阶段。在这几年里，中国的经济实现了腾飞，但环境问题却愈发严重，随着城市化和工业化程度的不断提高，雾霾污染问题所带来的影响也日益突出，开始影响人们的日常生活。在这一阶段，政府为解决环境问题，做出了一系列决策，大力促使节能减排，关闭整治一些不合法、违规的煤矿企业，出台相应法规，倡导使用新能源、清洁能源，逐渐完善环境保护及产业发展政策法规。这一时期，雾霾防治产业政策开始向新能源和清洁能源方向发展，积极开展国际交流合作，引入先进技术，控制减少污染物的排放。面对国外先进的技术，要实现中国产业创新改革，就必须结合本国国情，因地制宜，开发和利用新能源，从而有助于改善国家大气环境，促进经济社会的发展，提高人民生活水平，增强人们幸福感。中国是能源需求大国，同时也是能源消耗大国。能源的使用率水平低意味着调整产业能源结构对中国的发展有着至关重要的作用，一方面大力使用清洁能源，加强对产品使用石油脱硫、脱硝、除尘技术的处理；另一方面，单一的能源消耗结构转变成多样化的能源消耗结构，从而减少单一能源消耗结构所带来的重度污染，合理调整产业结构。对于煤炭产业和可再生能源产业政策，政府有更明显的偏向，新能源的开发与利用逐渐得到普及，高污染高耗能的产品及企业，其替代产品也逐渐转向大众化，雾霾防治产业政策的延伸，促使节能环保产业的兴起。雾霾防治产业政策的发展，对中国产业结构的调整与发展具有重要作用。

（四）雾霾防治产业政策完善阶段

雾霾防治产业政策完善阶段的主要政策措施如表5-16所示。[①] 雾霾防治产业政策的完善阶段为2013年至今，在“十二五”时期，中国社会经济发展呈放缓状态，但环境污染问题却没有减少，反而呈现出加剧发展的态势。尤其是雾霾污染问题，近年来京津冀、长三角、东三省城市群受到了严重的雾霾天气影响，直接影响到人们的身体健康和日常

① 中华人民共和国年鉴网，http：//lib.cnki.net/cyfd/D049-N2014040033.html。

出行，造成交通事故频发。雾霾防治产业政策在这一阶段所显现的特点直接体现出国家治理雾霾的紧迫性，例如，工信部大力支持太阳能热水器行业形成产业协作互补；煤炭业“十二五”主推跨区重组等举措都表明了中国治理雾霾的决心。然而改善环境，彻底解决雾霾问题需打持久战，使之逐步转变并完善。中国与德国、美国、法国等国家开展的国际能源合作对中国雾霾防治有一定的影响，其中一些国家曾经和现在也遭受了雾霾污染的“袭击”。因此与他国的交流合作，对中国雾霾防治及其产业政策的制定和发展，具有一定的指导意义，同时对中国能源开发会产生积极影响。

国外技术的转让、创新，以市场的形式进行交易合作，一方面有利于中国环境保护建设，减少大气污染；另一方面，国外环保技术的垄断不利于国家环境建设的长久发展，因此在吸收引进国外先进技术的同时还要加强中国的自主创新能力，走可持续发展之路。中国碳交易所较少，主要有上海环境能源交易所和北京环境交易所。尽管各省市也在积极筹建中，但基本制度不完善，法律法规的有些方面未得到明确说明，导致存在执照核放标准不一，数据更新不够快，交易信息不够透明等问题，极易造成市场混乱，不利于碳交易市场的健康运行。国际合作动向明显，节能减排深入人心，跨区域联防联控工作逐步展开，各行业不断创新，探索新发展，支持国家雾霾防治措施；国家环保部职能分工日渐明确，各司各尽其责，严格执法，雾霾防治产业政策引入了市场机制，对环保产业起着促进作用。中国雾霾防治产业政策的完善阶段，需要不断规范和创新，其他产业和政策才能健康有序地发展。

表5-16　**雾霾防治产业政策完善阶段的政策措施及特点**

主要政策	政策特点
国家能源局：页岩气产业政策（2013） 国家能源局：煤层气产业政策（2013） 关于开展1.6升及以下节能环保汽车推广工作的通知（2013） 关于继续开展新能源汽车推广应用工作的通知（2013） 能源发展“十二五”规划（2013）	

续表

主要政策	政策特点
循环经济发展战略及近期行动计划（2013） 关于加强内燃机工业节能减排的意见（2013） 环保部出台治污产业政策（2013） 国务院关于加快发展节能环保产业的意见（2013） 关于组织开展国家低碳工业园区试点工作的通知（2013） 钢铁等四行业将实行产能置换（2014） 煤电节能减排升级与改造行动计划（2014—2020） 国务院办公厅关于加快新能源汽车推广应用的指导意见（2014） 实施重金属污染重点防控企业投保环境污染责任保险（2014） 国家发展改革委关于建立保障天然气稳定供应长效机制若干意见（2014） 2015 年工业绿色发展专项行动实施方案（2014） 关于进一步做好新能源汽车推广应用工作的通知（2014） 煤电节能减排升级与改造行动计划（2014—2020） 国家发改委、能源局和环保部：能源行业加强大气污染防治工作方案（2014） 关于加强化工园区环境保护工作的意见（2014）等	这一阶段通过系列政策产业生产朝着清洁化方面发展，新能源环保节能产业发展迅速，环保产业链基本形成

（五）中国雾霾防治产业政策的发展趋势

随着雾霾污染的不断蔓延，中国政府积极采取了一系列政策措施。根据中国具体国情加强对雾霾的防治工作，同时借鉴国外雾霾防治的成功经验，探索出适合中国雾霾防治的产业政策措施。中国雾霾防治产业政策的发展过程、发展趋势主要有以下几个方面的特点。

1. 政策运作方式结合运用无形的手和有形的手

雾霾防治产业政策的市场化运作趋势指的是在雾霾防治产业政策中对大气污染物排放量引入市场机制来进行市场控制。按市场化的原则进行有效运作，进行碳交易，各类企业都应该成为独立经营的法人实体和市场主体，促使产业政策调整。1993 年，美国南海岸空气质量管理局成立世界上第一个利用市场机制来促进大气减排的区域空气污染排放交易中心，允许企业买卖大气排放的配额。2012 年，中国七省份启动碳排放交易试点，利用市场手段减少污染物排放，碳产业有望成为新增长点。碳产业的发展，对煤炭使用会随之减少。中国发达省份的政府也逐渐转变发展思路，利用市场来管理，用利益来促使企业调整战略，把无形的手和有形的手结合起来，共同防治雾霾。2015 年 4 月 21 日，河北省出台了多项措施，争取全年削减煤炭消费量 500 万吨。主要措施有：强化清洁高效地利用煤炭；减少煤炭生产和消费总量；升级改造火电企业；提升集中供热的普及率；加快治理工业燃煤锅炉；落实重污染企业的错季错峰生产；大力推进清洁能源；取缔露天的黏土砖瓦窑等。[①] 中国能源结构的部分改变，使得环境质量逐渐变好，雾霾问题也有所缓解。市场化给中国雾霾防治指明了方向，使市场有章可循，雾霾防治产业政策的方向更加明确。中国将禁止销售和进口高灰分劣质煤，发展改革委为规范和维护煤炭经营秩序及时出台了煤炭经营监管办法，明确禁止进口和销售高硫分、高灰分的劣质煤炭和向城市高污染区销售不合规的煤炭；支持和引导建立煤炭交易市场，健全煤炭监督的管理信息系统，确保煤炭经营的动态监测活动的落实。[②] 市场竞争机制的建立，可以促使行业优胜劣汰，监管力度加强，呈现出一个动态发展的趋势。芬兰与中国共同构建"美丽北京"项目，希望通过该项目，双方能够在能源生产与使用、交通运输、建筑施工、大气质量的动态检测等方面共同合作，探求适合中国城市的大气减排方案。[③] 今后中国一方面会逐渐引入国外先进技术产品，促进市场竞合；另一方面会继续加强自主创新研发，增强国家实力，在实现引进来的同时能够走出去。市场机制的进入，规定排污收费，超标排污征收超标排污费，促使以煤炭为代表的能源结构的转变，对中国雾霾的防治起到了很好的促进作用，雾霾防治的产业政策朝着健康的态势发展。

2. 能源结构呈现合理化发展

近年来，中国多地出现连续的雾霾天气，燃煤过度是雾霾天气频现的主要原因之一，高度依赖煤炭的能源结构导致中国大气污染不断加剧，因此加快转变能源利用方式，规范能源结构，成了雾霾防治产业政策的一个

① 周迎久：《控煤成为河北今年治气头等大事》，《中国环境报》2015 年 4 月 20 日。

② 中华人民共和国年鉴网，http：//lib. cnki. net/cyfd/D049-N2014040033. html。

③ 李慧：《芬兰清洁技术持续增长》，《中国能源报》2014 年第 6 期。

新趋势，即提高能源利用率，优先利用可再生能源。国家“十二五”规划指出，要加快能源生产和利用方式的变革，构建清洁、经济的现代能源体系，这为能源结构的转变指明了方向。能源结构转变，一方面要优化调整现有的能源消费结构，特别是调整石油、天然气、煤炭三种能源消费的占比；另一方面，要大力开展节能环保行动，提升能源利用率，节约能源消耗，开发清洁能源和可再生能源，提高它们在能源消耗中的比重。同时要科学制定能源发展规划，减少对化石能源的依赖度，能源结构的规范化，将促进雾霾防治产业政策的发展和转型升级，进一步减少雾霾天气出现，使雾霾防治产业政策朝着健康发展的道路前进。由于成本问题，能源结构的规范化需要综合分析各方面因素，达到效益与环境保护最优。关于能源结构的规范化，中国的相关政策已经很明确了，如加快水电建设，利用国际油气资源，与俄罗斯合作开发油气资源等。针对中国雾霾的严重性，国家各级部门对煤炭产业的监管也越加严格，督促煤炭进行洗选加工，提高煤炭供应质量。对于核能、风能、太阳能等新能源的开发与应用要因地制宜，东部沿海地区，海洋风较大，可以适当开发应用风能，对一些水利资源丰富的地区也可以开发利用水能。当然，在开发和利用的同时要加以规范，使中国的能源结构更加规范。

3. 雾霾防治产业政策呈现多样化

首先，对聚酰亚胺纤维产业的投入加大。荷兰达恩·罗塞加德发明静电除雾霾技术，它是利用铜线圈通电来达到吸附空气中的颗粒物，实现消除雾霾的目的。[①] 这项技术的发明对中国雾霾治理有一定的启示作用。中国工业领域主要采用静电除尘方式进行工业除尘，其方法的作用有限，除尘效果不太理想。而聚酰亚胺纤维作为袋式除尘器的高温、高端滤料，是目前最佳的除尘过滤材料。中国政府相当重视它的发展和利用，不断进行开发研究和实验，加大投入，从《聚酰亚胺产业政府战略管理与区域发展战略研究咨询报告》可以看出，聚酰亚胺产业未来在中国将成为防治雾霾的主力军。中国是煤炭消耗和钢铁生产大国，袋式除尘技术占比太高，每年消耗煤炭太多，环境质量承受着巨大的压力，且中国聚酰亚胺纤

① 小丰：《荷兰发明家试验静电除雾霾》，《中国工会财会》2014 年第 1 期。

维产业处于初级发展阶段，聚酰亚胺产业规模较小，产能较低，无法满足中国的需要，产品严重依赖奥地利的 Evonic 公司。[①] 为了打破发达国家对高新技术纤维和装备的严格控制，中国政府正逐步加大投入，加快形成产学研紧密结合，促进产业交流与合作，实现行业内部资源整合，建立聚酰亚胺产业基地。

其次，节能减排理念转为实际行动，清洁能源应用进一步推广。2014 年 3 月李克强要求推进燃煤电厂脱硫改造，推动能源生产和消费方式变革，加大节能减排力度，控制能源消费总量。虽然核能属于清洁能源，但它要求的技术水平比较高，风险大，如日本福岛核电站泄漏事件，对于中国核能建设具有重要的影响。2012 年 10 月通过了《核安全规划（2011—2020 年）》和《核电中长期发展规划（2011—2020 年）》，发展核电成为各方关注的焦点问题。[②] 核电符合环保要求，同时也能促进发展，减少其他能源的使用量，减轻大气污染负担。中国核电的发展水平相比其他清洁能源的发展水平要高出许多，有利于节能减排。中国的部分经济发达地区对于节能减排意识较强，城市公交向绿色公交发展，基本上公交车、出租车的尾气排放都很少，有些电力公交和电动出租车基本上是零排放，如海格插电式公交。这些技术的使用有助于解决雾霾之困，但是对于落后的地区，中国政府还未做出长远的规划，落后的中小城市使用的公交多是发达地区淘汰的，尾气排放不符合标准，这就使得中小城市大气污染日益严重，不利于城市经济建设。对于城市节能减排，资金和技术的扶持要逐渐向中小城市转移，极力把雾霾扼杀在摇篮之中。随着经济建设发展思路的转变，中国在节能减排和使用清洁能源上，实际行动更加突出，节能环保市场潜力巨大，有望成为新兴支柱产业。从近两年的政府工作报告和具体实施过程可以看出，环境保护、雾霾防治、大气污染治理等已成为中国雾霾防治产业政策的发展走向。

最后，新能源产业开发与应用。新能源又称非常规能源，指传统之外的各种能源形式。目前新能源主要是太阳能、地热能、风能、空气能、海

---

① 商龚平：《从雾霾猖獗看我国聚酰亚胺纤维产业发展》，《新材料产业》2014 年第 5 期。

② 牛禄青：《核电新使命　提振经济和治理雾霾新路径》，《新经济导刊》2014 年第 6 期。

洋能、天然气、页岩气、生物质能和核聚变能。中国对新能源产业的发展尤为重视，近年来不断扩大对新能源的投入。由于中国疆土辽阔，太阳能和地热能主要集中在西部地区，地形复杂且经济落后，开发难度大；风能和海洋能主要集中在中国东部沿海地区。雾霾污染的猖獗使得中国不得不转向新能源的开发，使之逐渐取代污染较大的能源产业，以更好地治理大气污染。以太阳能为主的光伏产业，已渐渐向农村扩展，有些甚至直接建立起超低能耗建筑来减少化石能源的使用。新能源产业所产生的能量与经济效益不可估量，把新能源转变为电能或其他能源将成为中国未来电能替代战略的主力。

4. 雾霾防治产业立法呈加快发展趋势

美国联邦政府出台治理雾霾法规为空气污染治理提供了法律保障，洛杉矶地方政府也颁布了一系列法令，并成立空气污染控制部门，跨地区合作成立南海岸空气品质管理局（AQMD）来管理跨地区空气污染。经过管理和控制，洛杉矶空气质量有了明显的改善。一份 2012 年公布的报告披露 201[illegible]1 年，加州空气污染达到不健康水平的次数比 10 年前大幅度减少；2012 年，在加州全州范围内达到“不健康空气”水平的日子更少。[①]通过借鉴美国联邦政府和洛杉矶地方政府雾霾治理的经验，中国在环境立法方面逐步完善，市场机制逐渐成形，空气污染先进技术正被积极开发。城市产业转型与布局随着雾霾治理和产业政策的跟进，污染和排放量呈下降趋势，绿色节能产业正在兴起。中国环保部完善了相应的标准，执法力度不断强化，监督手段呈现多元化。中国城市对雾霾防治产业政策的执行力度不断加强，公民参与意识明显提高，城市产业链呈现出一个新的发展态势，节能、抗霾为越来越多公众所接受。中国现行环境立法规定对企事业单位等实施污染物“浓度控制”和超标排污收费制度，实施《清洁生产法》《环境影响评价法》等新的环境法律，强化环境立法，加大行政管制和技术强制力度，督促城市雾霾防治产业转型升级，坚持可持续发展，污染预防原则，污染者负担原则，污染物综合控制原则，公众积极参与，

① California Air Pollution Control Officer's Association，California's Progress toward Clear，2011 (4)；WSPA，Climate Change [2013-10-10]，https：//www. wspa. org/issues/climate-change.

完善环境立法，引导雾霾防治产业政策的正常发展，环境立法的不断强化，使国内外的环境条约相互合作，促进中国环境法规的不断完善。环境法律的强化使得现有排污收费制度和排污交易制度的改革有了法律保障，使执法部门更加有效地行使权力，实施管理，对城市雾霾防治的相关产业有了更好的执法依据。

5. 雾霾防治产业政策呈现出区域联动化发展

由于大气的流动性和扩散性，雾霾防治各城市之间、各省市之间各自为战这种防治方式难以解决中国大面积的雾霾污染问题，因此雾霾防治产业政策将更多地呈现为区域联动化的发展趋势。建立大气污染物联防联控机制对减轻中国雾霾污染具有重大意义。雾霾的流行受到区域气候的影响，且产生的是复合污染，区域间的承受能力和管控治理能力不一。北方秋冬季节主要刮西北风，雾霾污染物随着风向相关区域扩散，比较突出的是京津冀地区。夏季也是如此，但雾霾污染物有部分是跨境传输的，所以仅依靠单个城市的力量，是很难防治雾霾的，因此打破各种限制，建立区域雾霾防治联动机制，已成为必然趋势。区域联动一方面可以减轻各类企事业单位所造成的大气污染压力，另一方面可以实现区域资源共享，联合行动能增强监察管理力度。区域联动一体化有利于优化经济、能源结构和布局，区域间达成的共识有助于统筹区域产业规划，严控炼化、炼钢、炼铁、水泥、燃煤电厂等大气污染量大的企业发展。同时在区域间推行新能源和清洁能源更加方便、有效，使得优质能源供应和消费多元化加快实现，推动中国环保产业的健康发展。中国建立的区域联防联控主要在东部沿海地区，如京津冀地区、长三角地区和珠三角地区，对于中西部地区的联防联控相关政策措施比较少。因此，随着社会经济的发展，区域间的交流与合作会更加深入，更加广泛。与此同时，对中西部雾霾防治产业政策的实施也要更加规范，加强监管力度，避免其步东部沿海地区雾霾严重污染的后尘。

中国雾霾防治产业政策的发展演进，正处于探索上升阶段，对于中国的大气污染治理、雾霾防治，应理顺思路，制定切实可行的战略方针，认真贯彻落实，打持久战，对症下药。政府在加大资金投入的同时，要不断创新，借鉴国外先进经验，探索自主研发，提高清洁能源利用的技术水平，打破垄断。经济建设要兼顾环境保护和产业政策而做出适当的让步和调整，切不可牺牲环境和产业发展的未来以换取经济辉煌的短暂一瞬。对雾霾所引发的系列问题应权衡处理。加大对节能环保理念的宣传和教育，使之深入人心，只有全体社会与公众共同参与行动，共同监督，采用多种方式方法才能实现治霾的目标。随着社会经济的发展，人们对环保的要求越来越高，这给中国环保节能和健康生活产业的发展带来一定的契机。中国环境立法的执法力度不断强化，相信在不久的将来，雾霾天气一定会逐年减少，大气环境质量会越来越好，人民生活会愈加幸福。

五　中国雾霾防治公共服务政策的发展演进过程

自改革开放以来，中国公共服务政策得到了相继发展。以 1978 年改革开放为划定点，1978 年到 1992 年为公共服务政策的萌芽期，此阶段的公共服务政策以提供基本的公共服务为主，受国情所迫，相关政策较少，整体发展水平较为缓慢。1993 年到 2003 年为公共服务政策的起步期，这一时期充分吸收了改革的成效，2001 年“十五”规划中提到要达到“基本公共服务比较完善”的目标，首次将公共服务作为国家的发展大计提上日程，不断认识到公共服务的不足，公共服务在摸索中开始起步并有了相应发展。2004 年到 2012 年为公共服务政策的发展期，这时中国对于“公共服务”和“新公共服务”的讨论呈现出遍地开花的景象，公共服务在中国的受关注程度和地位尤显稳固；与此同时，对公共服务政策的研究稳步增多。2013 年至今是公共服务政策的完善时期，此阶段以雾霾开始广受关注作为划定点，2013 年雾霾问题大规模爆发，对公共服务政策提出了新的挑战和要求，这一阶段公共服务政策的出台和发展改进之迅速是前所未有的，这也是新形势下对公共服务的必然要求。中国雾霾防治公共服务政策经历了萌芽、起步、发展、完善四个时期。

（一）雾霾防治公共服务政策萌芽阶段

1978—1992 年是中国雾霾防治公共服务政策的萌芽阶段。雾霾防治公共服务政策在这一阶段的主要政策措施如表5－17所示。这一阶段的特点是随着物质生活的丰富以及对外开放所引入的对外交流使中国认识到公共服务政策在新的社会发展阶段的必要性。特别是对环境保护有了意识，进而在此方面制定了初步的法律框架，为将来更加细分的政策制定打下了基础。在此之前，中国在政治、经济、文化等领域都经历了一次洗牌和变革，各行各业所表现出来的状态比较混乱。国家此时亟待解决的问题是发展国民经济，因此对于环境保护的意识比较淡薄，导致国内生态环境在不知不觉中变差。从中华人民共和国成立初期到20世纪末，我国的政策都注重政治经济发展，对"公共服务"这一概念并没有十分明显的体现，相关政策措施的目的也不明确，但这并不代表这段时期中国就没有公共服务类的措施。当时中国逐步有了相对完备的社会保障体系，兴建了医疗卫生事业和文化教育事业等，使广大群众享受到了基本医疗服务，有了形式多样的办学方法[①]，这为中国公共服务政策打下了扎实基础。1978年确立了改革开放的政策，对内进行改革，对外进行开放，这一时期，改革开放政策的成效逐渐显现。人们开始接触到了全新的、先进的国外思潮和文化，思想得到解放，视野得到开拓。西方国家的公共服务理念和政策要比中国先进、完善得多，改革开放在一定程度上促进了中国加快学习外国公共服务理念的步伐。在环境保护方面，这个时期中国开始把环境保护作为一项基本国策，1989年中国正式颁布了《中华人民共和国环境保护法(试行)》，充分体现了整治环境的决心和保护环境的重要性。中国在1984年5月颁布了《水污染防治法》，对水环境的质量和污染物的排放做出了明确规定。1987年颁布了《大气污染防治法》，对多项存在污染的内容进行了明确规定，其中包括防治燃煤产生的大气污染，大气污染防治的监督管理，防治废气、粉尘和恶臭污染等；并在1995年通过了《固体废物污染环境防治法》。自1996年4月1日起，实行对工业固体废物、城市垃圾等进行规范管理。总体而言，政府越来越看到经济发展与环境保护的冲突，并开始重视环保方面的问题和采取解决措施，相关的政策也陆续出台，中国环保公共服务政策开始萌芽。这一时期的公共服务还是由政府一

① 谢艺：《建国初期中国共产党民生建设研究》，学位论文，吉林大学，2014年。

手包揽的，处于总体供给短缺，供给效率低下，城乡与单位供给不均衡的状态。①

表5-17　**雾霾防治公共服务政策萌芽阶段的政策措施及特点**

主要政策	政策特点
国家保护环境和自然资源，防治污染和其他公害（1978） 环境保护法（试行）（1979） 中国对高效节能汽车产量取消限制（1983） 国务院作出关于环境保护工作的决定（1985） 建设项目环境保护管理办法（1986） 中华人民共和国大气污染防治法（1987） 全国环境监测管理条例（1989） 中华人民共和国环境保护法（1990） 国务院关于加强再生资源回收利用管理工作的通知（1991） 环境监理工作暂行办法（1991） 国家环境保护局关于环境执法若干问题的复函（1991） 关于解决我国城市生活垃圾问题的几点意见（1992） 中国率先制定和实施可持续发展战略（1992）等	在立法方面，开始重视环保与公共服务相关法律的制定，开始把环境保护作为一项基本国策；有了比较完备的社会保障体系，奠定了公共服务政策的基础

（二）雾霾防治公共服务政策起步阶段

1993—2003年为公共服务政策的起步阶段。雾霾防治公共服务政策在这一阶段的主要政策措施如表5-18所示。这一阶段的特征可以概括为国家将公共服务政策的具体制定开始下放到地方，引导地方政府因地制宜地进行具体问题具体对待，地方已经不是被动地接受指导而是主动面对现有问题进行分析，从而制定适合当地社会发展的公共服务政策。各地的政策内容受到当地社会发展阶段的影响较大。1993年以来，经济和社会发展逐步趋向稳定，中国对环境保护也越来越重视，相关政策开始出台。1997年江泽民同志提出进入新世纪要全面建设小康社会。伴随着生活状况的改善，人们对公共服务的需求也开始重视起来，中国在这段时期出台

---

① 郁建兴：《中国的公共服务体系：发展历程、社会政策与体制机制》，《学术月刊》2011年第3期。

了相应的对策。在公共服务方面，2001 年的“十五”计划指出，要达到“居民的生活质量有较大的提高，基本公共服务比较完善”的目标，这是中国首次在五年计划目标中提到“公共服务”一词，也预示着中国公共服务的提供和相关政策将进入新阶段，把公共服务提高到了国家发展大计层面，以促进人与经济社会的全面发展。在此期间，中国推动城乡二元化结构改革，供给主体社会化，服务项目市场化，提供方式地方化；各种社会组织开始出现，不再是由国家包办的模式。在环保立法方面，相关法律法规更加细化和具体化，并开始趋向于全面化，体现在对污染的标准制定上更加具体明确，例如，制定了汽车大气污染物综合排放标准，环境标准管理办法和环境法规、标准和制度建设等；公共服务政策涉及范围包括水、陆、空三个方面，从水污染防治到森林法规，再到大气污染治理和保护臭氧层，均是对保护环境所做出的相应规定；这一阶段后期开始着手对环境评价和建设项目审批的立法，出台了《环境影响评价法》并对建设项目环境影响评价文件分级审批进行了规定。值得关注的是，80 年代，中国开始研究雾霾。这也就意味着此时期的相关公共服务政策与环保政策将为雾霾防治奠定基础。中国早期的雾霾研究主要集中于对大气颗粒物的研究上，如对大气颗粒物的质量浓度和化学成分的时空分布等特点进行研究，集中针对北京、上海、珠三角等地区展开①，这一时期，中国公共服务政策开始起步并有了明显的发展。

表 5－18　　雾霾防治公共服务政策起步阶段的政策措施及特点

主要政策	政策特点
国务院关于开展加强环境保护执法检查严厉打击违法活动的通知（1993） 环境保护计划管理办法（1994） 中华人民共和国煤炭法（1996） 国务院关于国家环境保护“九五”计划和 2010 年国家远景目标的批复（1996）	

① 季鸣童、张春迎：《雾霾防治现状与展望》，《科技致富向导》2014 年第 18 期。

续表

主要政策	政策特点
国家环境保护总局关于在重点城市开展空气污染周报工作有关问题的通知（1997） 国务院关于环境保护若干问题的决定（1997） 加强乡镇企业环保工作的规定（1997） 国务院五部局联合发出保护环境通知（1999） 环境标准管理办法（1999） 环境法规、标准和制度建设（1999） 保护臭氧层（1999） 建设项目环境影响评价资格证书管理办法（1999） 全国生态环境保护纲要（2000） 大气污染防治法（2000） 全国生态环境保护纲要（2000） 居民生活质量有较大提高，基本公共服务比较完善（2001） 中华人民共和国清洁生产促进法（2002） 建设项目环境影响评价文件分级审批规定（2002） 环境影响评价法（2003） 基本公共服务的政策和投入向农村倾斜（2003）等	公共服务的提供和相关政策将进入新阶段，把公共服务提高到了国家发展大计层面；推动了以二元化、社会化、市场化和地方化为特征的公共服务体系改革；各种社会组织开始出现，不再是由国家包办的模式；公共服务政策开始起步并有了相应发展

（三）雾霾防治公共服务政策发展阶段

2004 年至 2012 年是公共服务政策的发展阶段。雾霾防治公共服务政策在这一阶段的主要政策措施如表 5 – 19 所示。

表 5 – 19　**雾霾防治公共服务政策发展阶段的政策措施及特点**

主要政策	政策特点
国家环境保护总局关于加强资源开发生态环境保护监督工作的意见（2004） 环境保护法规制定程序办法（2005） 绿色建筑评价标识管理办法（试行）（2007） 中华人民共和国政府信息公开条例（2008）	

续表

主要政策	政策特点
节能减排综合性工作方案（2008） 全国人大常委会通过积极应对气候变化的决议（2009） 规划环境影响评价条例（2009） 进一步加大工作力度确保实现“十一五”节能减排目标（2010） 关于推进大气污染联防联控工作改善区域空气质量的指导意见（2010） 国务院关于加强环境保护重点工作的意见（2011） 首批低碳交通运输体系城市试点启动（2011） 加强公共安全体系建设，完善信息网络服务管理（2011） 气象发展规划（2011） 建设低碳交通运输体系试点工作方案（2011） 公路水路交通运输节能减排“十二五”规划（2011） “十二五”水运节能减排总体推进实施方案（2011） 关于进一步加强农业和农村节能减排工作的意见（2011） 节能减排“十二五”规划（2012） 重点区域大气污染防治“十二五”规划（2012） 关于加强环境空气质量检测能力建设的意见（2012） 环境空气质量指数（AQI）技术规定（试行）（2012） 气象设施和气象探测环境保护条例（2012） 关于印发节能减排全民行动实施方案的通知（2012） 加快推进绿色循环低碳交通运输发展指导意见（2012） 节能产品惠民工程推广信息监管实施方案（2012） 蓝天科技工程“十二五”专项规划（2012）等	

在这一阶段，政府不再局限于指导者这一角色。在认识到了经济飞速发展的前提是担任推进国民经济增长主要力量的企业以及个人能够得到更好的服务，为各种经济实体以及行业的涌现提供适时的服务保障成为各级政府的重要任务。公共服务类的政策呈现出具体化、多样化和专门化。同时，国家把环境保护作为影响国计民生的一项重大内容来抓，引导各级地方政府在公共服务政策上进行丰富并完善。2004 年出现了译成中文版的美国学者登哈特夫妇的著作——《新公共服务》，关于公共服务话题的探讨越来越多，中国对于“公共服务”和“新公共服务”的讨论呈现遍地开花的景象。公共服务在中国的受关注程度和地位尤显稳固。与此同时，

对公共服务政策的研究也稳步展开。党的第十六次全国代表大会提出“要完善政府在经济调节等方面的职能”。2006 年“十一五”规划仍然提出社会事业发展滞后的矛盾日益尖锐，表现为公共服务资源配置得不到合理调整，社会保障体系不够完善，非政府组织不发达。中国的多元化供给机制也不断发展成熟，对公共服务的投入趋向增加。这个时期比较突出的政策内容是政府在转型期对服务型政府的建设和环境信息的公开。一是注重出台环境保护政策。政府在转型期充分结合了当下的环境热点问题，对一系列问题做出了治理和改革措施，出台了相应的政策，包括建设项目安全审查办法，环境污染治理设施运营资质许可管理办法，环境影响评价工程师职业资格登记管理暂行办法等一系列管理办法；进一步规范了审核审批程序，加强对突发事件和气候变化的应对能力等。二是在进一步完善环境影响评价机制的同时，更加重视信息公开。首先是为公众参与环境保护提供了法律法规的依据；其次出台了《中华人民共和国政府信息公开条例》，提高了政府工作透明度和服务强度；最后加强了公共安全体系建设，完善了信息网络服务管理。在这一阶段，国家重要会议及政策均涉及公共服务，公共服务政策也一步步发展清晰、规范起来，不再处于一种朦胧、模糊不清的状态。这段时期可谓公共服务政策的发展规范期。

（四）雾霾防治公共服务政策的完善阶段

2013 年至今是中国公共服务政策完善时期。雾霾防治公共服务政策在这一阶段的主要政策措施如表 5－20 所示。

表 5－20　雾霾防治公共服务政策完善阶段的政策措施及特点

主要政策	政策特点
环境空气颗粒物（PM_{10}和 $PM_{2.5}$）连续自动监测系统技术要求及检测方法（2013） 关于进一步做好重污染天气条件下空气质量监测预警工作的通知（2013） 国家环境保护标准“十二五”发展规划（2013） 整治大气污染的十条措施（2013）	

续表

主要政策	政策特点
建设项目环境影响评价政府信息公开指南（2013） 关于切实加强环境影响评价监督管理工作的通知（2013） 关于进一步加强环境保护工作的意见（2013） 关于加强应对气候变化统计工作意见的通知（2013） 关于进一步做好重污染天气条件下空气质量监测预警工作的通知（2013） 贯彻落实京津冀及周边地区大气污染防治协作机制会议精神的12条措施（2014） 长三角区域落实大气污染防治行动计划实施细则（2014） 国务院办公厅关于印发2014—2015年节能减排低碳发展行动方案（2014） 环境保护法（2014） 关于建立健全信息发布和政策解读机制的意见（2014） 国务院关于取消和下放一批行政审批项目的决定（2014） 国务院办公厅关于印发大气污染防治行动计划实施情况考核办法（试行）的通知（2014） 国务院办公厅关于加强环境监管执法的通知（2014） 国务院办公厅关于印发国家突发环境事件应急预案的通知（2014） 国务院关于节能减排工作情况的报告（2014） 中国应对气候变化的政策与行动2015年度报告（2014） 强化应对气候变化行动（2014） 第十八次“基础四国”气候变化部长级会议联合声明（2014） 中英气候变化联合声明（2014） 关于加快推进生态文明建设的意见（2014） 单位国内生产总值二氧化碳排放降低目标责任考核评估办法（2014） 国家发展改革委关于低碳社区试点工作的通知（2014） 国家发展改革委办公厅关于印发低碳社区试点建设指南的通知（2014） 国家发展改革委关于组织开展重点企（事）业单位温室气体排放报告工作的通知（2014） 关于组织开展低碳节能绿色流通行动的实施方案（2014） 关于推进环境监测服务社会化的指导意见（2015） 生态环境监测网络建设方案（2015） 党政领导干部生态环境损害责任追究办法（试行）（2015） 生态文明体制改革总体方案（2015） 环境保护公众参与办法（2015）等	

自2013年起，中国在雾霾防治方面的公共服务政策不断完善。在这一阶段，公共服务政策改进侧重于评价的量化，在雾霾防治工作上相关团体可以在统一的评价方式下做到有据可查，有利于防治工作的效率化、精确化。虽然这一阶段还没有结束，但是我们可以看到，国人普遍开始意识到雾霾防治的重要性并准备以实际行动来改变自身所处的环境。这些都和政策的完善是密切相关的。完善的内容主要体现在对环境保护法的修订和对能源价格、能源审批、油气垄断等方面症结的治理和改革上。一是对环境保护法的修订，建立健全相关健康监测机制等；国家要建立环境污染的预警机制等。对环境保护法的修订，强化了对大气污染，尤其是雾霾的治理和应对。[①] 二是对能源价格、能源审批、油气垄断等方面症结的治理和改革。雾霾的背后其实有着能源价格、能源审批和油气垄断等方面的症结，由此国务院专家也给出了对油气、电力、国企、审批等的改革措施。[②] 在油气改革方面，"国五标准"相对于2013年才全面实施的"国四标准"迈出了飞跃的一步，被誉为"控制雾霾的第一枪政策文件"。在电力改革方面，从2013年开始铺垫到2014年拿出新电改方案，目前处于等待批复和发布的状态。此方案明确了电网企业的公共服务属性，从而在发电、销售两方面实现电价的市场化。在审批改革方面，中国行政审批涉及多个领域，随着精简审批，强化公共服务职能的热潮，中国对项目审批的程序一再加以改革和推进，逐渐推行了包括网上审批、并联审批等在内的便捷服务，行政审批服务水平不断提升，审批项目也越来越注重与环境保护挂钩。从2013年以来，中国雾霾防治公共服务政策不断发展完善。

从各个历史阶段和发展时期看，中国在医疗、教育、环境保护等公共服务领域都做出了相当大的努力和改进，也高度重视此领域的立法工作，对维护公民权益和保护环境起到了很好的保障作用。到2013年，中国在公共服务领域已制定实施的相关法律共有42件，占中国现行法律的

① 杨杰：《史上最严新环保法》，《中国环保网》2014［2015-07-04］，http：//www. chinaenvironment. com/view/ViewNews. aspx？ k = 20140716131434484。

② 张祖群：《公民意识的觉醒——〈穹顶之下〉引发的热议》，《电影评介》2015年第4期。

17%；中国在公共服务领域的行政法规有138件，占现行法规的23%；数据显示，中国已经形成了一套相对完备的公共服务法律法规体系①，对雾霾问题的防治和社会发展提供了强有力的法律保障。

（五）中国雾霾防治公共服务政策的发展趋势

公共服务政策是雾霾防治可选择的有效途径之一，与其他政策一起可产生乘数效应，防治雾霾与公共服务是密不可分的。在前文基础上笔者分析了中国雾霾防治公共服务政策的发展趋势。

1. 市场化运作方式越来越明显

中国雾霾防治公共服务政策越来越倾向于市场化运作，以公共基础设施——运动器材设施的建设为例，若政府无偿或低价提供此类公共物品，就容易造成财政负担日益加重或经营效率低下的情况，还有可能出现“公地悲剧”现象。因此，将此类产品或服务的提供付诸市场化运作可以避免造成这种财政和资源的浪费，政府尽可能地避免成为产品或服务的直接生产者和提供者，应将其交付市场，由企业等来完成此类产品或服务的提供，政府只是通过政策介入，赋予这些机构或组织一定的权限或义务，并进行监督。随着市场化的发展趋势，一方面，社会公众可以通过市场获得更具全面性和针对性的产品或服务；另一方面，这些产品或服务的提供者可以有效地进行经营运作，既维护了公共利益，又可形成一个自行壮大的机制，二者是相互促进的，有利于形成“双赢”局面。此外，在市场化运作的同时也健全了相关的配套制度，主要是推进财务制度的独立和建立自行壮大的机制。随着雾霾天气的增多，人们越来越意识到政策出台的必要性和紧迫性，但是，单纯依靠政府治理，政府政策的出台特别是财政政策的支持是极为有限的，也要耗费相应的时间成本。在此情况下建立一个自行壮大的机制和一个稳定的财务系统就显得尤为重要，不能一味地依靠政府拨款，要健全配套制度。要形成一个自行壮大的机制，政府只能作为一个导向，而不是载体，这个机制要在没有政府财政支持的情况下，也能独立有效地运行，从而与市场化相

① 李强：《加强社会建设领域法律制度建设》，《求是》2014年第23期。

辅相成，互相促进。

2. 政策评估主体趋向多元化

政策主体的多元化表现为以政府为主导，多方协同治理。近年来，政府购买公共服务是一大趋势，关于政府购买公共服务的研究也日趋增多。政府购买公共服务，是指政府不再直接提供公共服务，而是通过合同外包、招标等形式，把公共服务的提供职能转交给社会组织或企事业单位等。政府充当“购买者”的角色，承购方是“生产者”的角色。[①]这种模式就决定了公共服务的提供主体不再是单一化，而是包含了政府、企事业单位、NGO、NPO及各种社会自发组织等，这些机构和组织都可具备向社会公众提供公共服务的能力和资格，由政府主导，其他公共部门或企事业单位、自发组织等作为辅助，形成多方供给机制。在雾霾防治政策上，也趋向于多方协同治理，雾霾治理的主体具有多元性，是由不同性质的部门组成的“混合体”，最主要的就是环保部门和能源部门。大气环境的保护和污染治理看似环保部门的职能，但若深究，似又处于能源部门的职能范围。所以雾霾的治理需要多部门的共同协作。[②]在此基础上，中国雾霾防治的公共服务政策的提供主体也必然是多元化的，将来自政府、公共部门、社会组织等不同领域。由此，公共政策的监督评估也是由多方参与的，且近年来不断注重公民参与，多方评估。中国公共服务有待于开发的人力资源还有很多，比如闲置的农村、城市人口，包括农村留守的妇女、农村的老年人口、城市退休老年人口等。在公共服务方面，大可以自由组成评估小组、环境监测小组、环境保护清洁小组等，发动群众，充分结合和利用人民的力量。治理雾霾单靠政府的力量是有限的，居民也应该参与到防霾治霾的队伍中去。因为环境的优劣关系到每个居民的切身利益，居民是恶劣环境的亲身体验者，对环境的敏感度应该更高。此外，要从制度上保障居民有环境监督的权利，特别是在项目评估方面，地方政府在引进产业项目时，要召集一定比例的居民开会，社区居民的环境评价意见应该作为是否引进产业项目

① 贺巧知：《政府购买公共服务研究》，学位论文，财政部财政科学研究所，2014年。

② 张强：《雾霾协同治理路径研究》，《西南石油大学学报》（社会科学版）2015年第3期。

的重要依据；对于不听从意见的个人和企业，居民还要有依法向上级部门提出申诉并获取行政支持的权利。[①]

3. 雾霾防治法律法规体系不断健全

雾霾防治法律法规体系的不断健全体现在各级法律法规的进化和完善方面。中国不断完善的相关法律法规有《环境影响评价法》《固体废物防治法》《清洁生产促进法》《循环经济促进法》《环境保护基本法》《大气污染防治法》《国家基本公共服务体系“十二五”规划》等，地方性法规有《广东省基本公共服务均等化规划纲要（2009—2020年）》《四川省中小企业公共服务示范平台管理暂行办法》等。但到目前为止，中国还没有一部完整的公共服务法律体系和雾霾防治法律体系。在新形势下，随着人们物质生活水平的提高，对于精神追求和生存环境的要求也不断上升，对公共服务的意识不断强化，需求不断增长。雾霾防治最关键的就是要有法律的保障，而治理雾霾的最终目的就是要维护人们的切身利益，保护人们生存的环境，保持生态的健康平衡，治理的主要方式离不开政策手段和公共服务的途径。这就使雾霾防治和公共服务二者密切不可分割，一套完备的雾霾防治与公共服务政策法律体系的出台亦将成为必然之势。

4. 政策的一体化与差异化现象并存

目前，雾霾防治公共服务政策存在着一体化与差异化并存的现象。“一体化”指城乡一体化，“差异化”指差异化供给，一体化供给主要指城乡一体化，是指公共服务要尽量实现在城市和农村标准统一，人们享受的公共服务平等、政策平等，要打破长期以来的城乡二元制。当下明显体现出一体化趋势的主要是养老金并轨这一措施，中国多地实现了城乡养老保险并轨，并且随着形势的发展，“并轨”的公共资源和公共服务会越来越多，能够基本上实现城乡一体化。相对的差异化供给是指针对不同需求的人群提供不同的公共服务。在城乡一体化的趋势上，差异化还是有必要存在的。这里的差异化指不同地区之间的差异化和有偿提供公共服务与资

① 曾世宏、夏杰长：《公地悲剧、交易费用与雾霾治理——环境技术服务有效供给的制度思考》，《财经问题研究》2015年第1期。

源的差异化，即针对不同的地区，公共服务项目和措施有所不同；同一地区，对于不同人群，可适当采取有偿的公共服务。例如，从地域方面来说，南北方的地域性差距，决定了它的公共服务供给是不同的；从收入方面来说，对于收入较高、需求更多的人，可以适当采取购买的形式获得更加符合需求的公共服务。各地区雾霾成因、影响度各不相同，在同等重视的情况下，还要针对不同地区提供不同的援助。中国公共服务总体上是不断趋于平等的，“中国梦”要求实现共同富裕，不断缩小城乡差距。这种一体化与差异化的存在，给予雾霾防治一个很好的启示，即在雾霾防治措施中注重一体化与差异化政策的运用，针对不同需求提供不同的符合实际需求的公共服务。

5. 政策程序的制定越来越规范

中国雾霾防治公共服务政策制定趋向议程化发展，政策程序的制定越来越规范。这主要是因为中国公民有生命健康权和环境权，而雾霾问题严重侵害了公民的这两项权利，社会各界对解决雾霾污染的方法与政策的呼声也越来越高。要解决雾霾污染问题，最终还是要依托于政府——只有政府将雾霾污染问题纳入政策议程①，才有望克服在治理雾霾上的重重阻碍。只有政府将雾霾问题纳入议程，制定科学合理、与时俱进的公共政策，才有望根治雾霾。但是，治理雾霾仅仅依靠政府是不够的，雾霾问题进入公共服务政策议程主要面临着三大问题：一是政府参与治理力度不够，尽管已经高度重视这一问题并做出了相应的政策措施，但力量仍不及一些社会团体；二是需要获得社会多方面的支持，保障人力、物力、财力的供给；三是雾霾问题进入议程可能会导致利益冲突，一些既得利益者很可能会阻碍议程的推进。总体而言，雾霾问题涉及每个人的人身健康和环境安全，雾霾的加剧会促使这一社会问题向政策问题转变，雾霾问题进入议程化的速度加快。

6. 政策内容和方式不断创新和发展

随着对环境和公共服务的要求越来越高，由于雾霾问题的加剧，公民的环境权和人身健康权受到进一步损害，原有的公共政策已不能

① 梁岩、贾秀飞：《“雾霾”现象的公共政策分析》，《环境保护科学》2015 年第 4 期。

满足人们日益增长的对环境和健康的要求，这就促使了公共政策的必然创新。公共政策的创新对雾霾问题的解决和对国家的发展都具有重要意义，从某种角度而言，公共服务政策创新能否成功，主要在于政策制定的质量①，政策的创新也有利于解决雾霾问题，保护公民权益，维护社会稳定。公共政策的创新主要是针对政府的公共管理环境方面的创新，制定出一个符合当前实际，适应广大人民群众需求的新的政策。② 雾霾是一种环境灾害，与人们的生命健康息息相关，参与解决雾霾问题既是每一个公民的权利，也是义务，雾霾公共政策的创新有赖于每一个生活在这个生态环境系统中的人，雾霾是迫使创新的动力，而环境权则是政策创新的依据。只有政策不断创新，不断跟上实际需求，切实从公民的利益出发，维护好公民的基本环境权利，治霾才能有望；只有政策的内容和方式不断创新和发展，才能跟上人们日益增长的需求和时代发展的步伐。

六　中国雾霾防治人才支持类政策的发展演进过程

中国经济强调要做到“又好又快”发展，但在实际的发展过程中还是带来了生态环境的污染，因此，中国雾霾防治的人才支持类政策也不断发展和调整着。这里通过文献分析和内容分析等方法将雾霾防治人才支持类政策的发展过程分为萌芽、起步、发展和完善四个演进阶段。

（一）雾霾防治人才支持类政策萌芽阶段

1978—1992 年是人才支持类政策的萌芽期。雾霾防治人才支持类政策在这一阶段的主要政策措施如表 5－21 所示。

① 李庆钧：《公共政策创新的动力系统分析》，《理论探讨》2007 年第 2 期。

② 贾秀飞、梁岩：《论雾霾公共政策问题的科学构建》，《环境工程》2015 年第 9 期。

表 5－21　　雾霾防治人才支持类政策萌芽阶段的政策措施及特点

主要政策	政策特点
环境保护法（1979） 国务院做出关于环境保护工作的决定（1985） 中华人民共和国大气污染防治法（1987） 国务院政府特殊津贴（1990） 企事业单位评聘专业技术职务若干问题暂行规定（1991） 国务院办公厅关于为新疆维吾尔自治区培训少数民族科技骨干人才的复函（1992）等	在立法层面，开始重视节能环保相关法律的制定；初步涉及环保人才的培养，逐渐形成一些规定、措施

雾霾防治人才支持类政策萌芽阶段（1978—1992 年）是指中国计划经济体制逐渐瓦解到社会主义市场经济体制初步形成时期。1978 年，邓小平在党的十一届三中全会上指出要实行改革开放，中国开始与世界经济发展接轨，社会经济得到快速发展。但由于当时社会的生产力水平低，政府片面强调经济增长，人民群众的环保意识薄弱，中国经济发展走上了“先污染，后治理”的道路，造成相当程度的环境污染。重工业区污染尤其严重，雾霾也渐渐显现。这个阶段才刚开始触及人才支持类政策，特点并不突出，只是形成了一些简单的规定和措施。例如 1990 年颁布的《国务院政府特殊津贴》，规定给予有突出贡献的技术专家一定的财政津贴。

（二）雾霾防治人才支持类政策起步阶段

1993—2003 年是人才支持类政策的起步阶段。雾霾防治人才支持类政策在这一阶段的主要政策措施如表 5－22 所示。

雾霾防治人才支持类政策的起步阶段是从 20 世纪 90 年代初到 21 世纪初这一时间段，即中国计划经济体制瓦解，开始建立和发展社会主义市场经济时期。计划经济转变为市场经济给中国带来了经济社会大发展的机遇，同时也面临着极大的挑战，城乡建设，贫富差距逐渐扩大，城市经济建设突飞猛进，取得较大的成就，创造出许多奇迹。但城市环境也日益恶化，雾霾天气开始在北方工业重镇和发达城市中出现。1998 年，国家环境保护总局的整改与设立，在雾霾防治人才支持方面的职能和权限都有了一定的扩展，这对中国雾霾防治人才支持类政策的实施，具有一定的保障作用。把雾霾防治人才支持类政策细化，权责越来越明确，执法力度不断强化，同时对环境污染治理投资也逐渐加大。相关法律法规的完善，见证了雾霾防治人才支持类政策的起步，呈现出上升的态势。

表5-22　**雾霾防治人才支持类政策起步阶段的政策措施及特点**

主要政策	政策特点
环境保护工程中、高级技术资格评审条件（试行）（1994） 国务院关于环境保护若干问题的决定（1997） 人事部、财政部、国家环境保护局关于调整环境保护监测津贴标准的通知（1997） 加强乡镇企业环保工作的规定（1997） 环境法规、标准和制度建设（1999） 国家科学技术奖励条例（1999） 国务院办公厅关于调整全国绿化委员会成员的通知（2003）等	根据环境保护工作的性质不同，对环境类人才进行一等、二等、三等明确分类；提高雾霾防治人才的补贴水平；强调加强部门合作，联防联控

（三）雾霾防治人才支持类政策发展阶段

2004—2012年是人才支持类政策的发展期。雾霾防治人才支持类政策在这一阶段的主要政策措施如表5-23所示。

表5-23　**雾霾防治人才支持类政策发展阶段的政策措施及特点**

主要政策	政策特点
环境影响评价工程师职业资格相关制度（2004） 环境影响评价工程师职业资格登记管理暂行办法（2005） 关于印发高技能人才培养体系建设“十一五”规划纲要（2007） 当前国家鼓励发展的环保产业设备（产品）目录（2010） 国家中长期人才发展规划纲要（2010） 人力资源和社会保障事业发展“十二五”规划纲要（2011） 关于落实《国务院关于印发“十二五”节能减排综合性工作方案的通知》的实施方案（2011） 人力资源社会保障部等四部门关于表彰“十一五”时期全国节能减排先进集体和先进个人的决定（2012）	加强企业的生产技术和实行金融扶持；重视创新人才的培养；鼓励发展环保产业，给予财政支持；与雾霾防治相关的政策得到了进一步发展

雾霾防治人才支持类政策发展阶段是从2004年到2012年，即“十五”计划后两年与“十一五”规划的顺利完成阶段。虽说只有短暂的几年，但中国的经济腾飞所暴露出来的环境问题却愈发严重了。随着城市化和工业化程度的不断提高，雾霾问题所带来的影响日益突出，开始严重影响人们的日常生活。这一阶段国家培养了一批致力于环境保护事业的人才队伍，自2004年开始，国家相关部门加快了对环保人才职业资格认证制度等方面的建设，如2004年制定《环境影响评价工程师职业资格相关制度》，2005年制定《环境影响评价工程师职业资格登记管理暂行办法》。在积极培养本土人才的同时，中国也积极引进海外优秀人才，以壮大环保人才队伍。在人才的激励机制建设上，此阶段职务晋升成为激励雾霾防治人才的主要方式。政府对雾霾防治政策投入了大量的人力、物力、财力，实行严格的雾霾防治目标管理和绩效考核，中国的雾霾防治工作得到全面开展。

（四）雾霾防治人才支持类政策完善阶段

2013年以后是人才支持类政策的完善阶段。雾霾防治人才支持类政策在这一阶段的主要政策措施如表5-24所示。雾霾防治人才支持类政策的完善阶段为2013年至今，在“十二五”时期，中国社会经济发展呈现出放缓状态，但环境污染问题却没有减轻，反而呈现出加剧态势，尤其是雾霾问题在这几年里尤为突出。长三角、珠三角、京津冀三大区域的城市群受雾霾天气影响极其大。雾霾防治人才支持类政策在这一阶段所显现的特点直接体现出国家治理雾霾的紧迫性，中国雾霾防治人才支持类政策的完善阶段，需要国家不断进行规范创新，需要人民群众的不断支持，只有这样才能带动雾霾防治其他领域政策的一起发展，共同为雾霾防治做出贡献。此外，此阶段也促使了环境监测、卫生防护、空气净化和工业环保“四大领域”的蓬勃发展，具有里程碑式的意义。同时，不同地区建立了人才引育协作机制，统筹推进区域大气污染联控联动工作。

表 5－24　　雾霾防治人才支持类政策完善阶段的政策措施及特点

主要政策	政策特点
国务院适应气候变化战略（2013） 中国应对气候变化的政策与行动 2014 年度报告（2013） 关于推进《生态环境保护人才发展中长期规划（2010—2020 年）》实施的意见（2013） 国家发展改革委关于印发国家应对气候变化规划（2014—2020） 国务院办公厅关于推行环境污染第三方治理的意见（2014） 大气污染防治行动计划实施情况考核办法（试行）（2014） 生态文明体制改革总体方案（2015） 环境保护部所属企业负责人薪酬管理办法（2015） 环境保护部所属企业负责人年度绩效考核评价管理办法（2015） 国务院办公厅关于印发生态环境监测网络建设方案的通知（2015） 党政领导干部生态环境损害责任追究办法（试行）（2015）等	各级政府通过签订大气污染防治目标责任书，将雾霾防治责任进一步分解落实到基层，同时不同地区建立人才引育协作机制，统筹推进区域大气污染联控联动

（五）中国雾霾防治人才支持类政策的发展趋势

从中国雾霾防治人才支持类政策的发展过程来看，其发展趋势主要有以下几个方面。

1. 雾霾防治人才支持类政策的体系逐步完善

雾霾防治人才支持类政策的考核机制逐步完善。在中国，以工作绩效为主要晋升标尺的职务晋升制成为雾霾防治人才人事管理中的主要激励手段，负责治理雾霾的地方官员经过一定的评价指标考核后，可以按照一定的标准晋升，官员的自身发展和地方政府的政绩结合在一起。但是，在以往的工作绩效考核中，最注重的是 GDP 的增长，在那些对经济指标十分看重的地方，甚至表现为只考核 GDP，即 GDP 是唯一的考核指标。这就在很大程度上选拔出那些特别善于发展地方经济的官员，对地方经济的发展具有巨大的促进作用。但是过分看重 GDP 指标不利于选拔培养出全面发展的地方政府官员，使得他们在日常政府工作中只注重发展经济，不注重地方的环境与经济协调发展，不关注民生。“十二五”环保规划中四个约束性指标，把 $PM_{2.5}$ 指标纳入政绩评价指标中，在考核内容上增加了关于 $PM_{2.5}$ 的防治措施，雾霾防治效果成为地方官员的政绩考核指标。对那些虽然在经济发展上下降，但在民生工作和环保工作上做得很好的地方政府给予鼓励和褒奖。在中央领导防治雾霾方面，环境保护局已经和全国31个省份签署了大气治污军令状，其中对企业污染排放是否达标的环境测评，环保机构的监管将会更加严格、规范，避免在环境评价上弄虚作假，环境测评上暗箱操作，规定企业必须履行环境保护的法定义务和社会责任。[①] 雾霾防治人才支持类政策的薪酬机制不断完善，薪酬考核制度将待遇与技能结合起来进行职位晋级与收入分配，极力推广“使用与培训相互结合，待遇与业绩相互联系”的措施，加大技术水平在薪酬中所占的比重，完善环境科技人才的津贴制度，鼓励用人单位对有突出贡献的高技能人才进行重点奖励。[②]

2. 雾霾防治人才支持类政策的相关法律法规逐步健全

中国在与防治雾霾相关的机制中形成了以环境保护法作为法律层面的最高指导，以大气污染防治法作为具有针对性的专项治理以及相关防治配套机制的总体框架结构。此外，《环境影响评价法》《清洁生产促进法》等相关的法律法规也含有雾霾防治的一些规定，因此，中国已基本上形成了雾霾污染防治的权责体系。[③] 法律的生命在于实施，执法力度将会不断加强。除此之外，法律法规政策也呼吁广大公众参与到雾霾防治工作中。环境保护部门要做好宣传引导，引导全社会的人提高环境保护意识，鼓励全社会的人积极参与雾霾防治工作。

3. 专业化的雾霾防治人才队伍不断扩大

随着中国整体教育水平的不断提高，人才资源即将成为支撑中国经济又好又快发展的动力之一。人才肩负着引领创新的重大责任，是产业转型发展的核心要素，实施人才强国战略是支撑中国转型跨越的重要力量。从定义上说，人才是指具有相当的专业知识或技能，能够高效率地进行创造性劳动，并为社会切实做出贡献的人。总而言之，是既有核心竞争力，又

---

① 张永安、邬龙:《基于政策计量分析的我国大气污染治理现状研究》，学位论文，北京工业大学，2015年。

② 潘小川、李国金:《危险的呼吸——$PM_{2.5}$的健康危害和经济损失评估研究》，中国环境科学出版社2012年版。

③ 中华人民共和国环境保护部:《2013年京津冀、长三角、珠三角等重点区域及直辖市和省会城市空气质量报告》，2014年。

有再创造的能力，同时能够为社会做出极大贡献的人。[1] 高校在培养环境类高技能人才方面，按照“口径得宽，基础得厚、专业得薄”的高校改革思想，注重实践教学和实用性复合型人才的培养，加上政府为人才培养提供了需要的财政支持、相应的产业学术研究支撑、知识产权的保护，所以高校将为中国雾霾防治工作培养很多的专业人才。此外，雾霾治理人才待遇得到提高，例如《环境保护监测津贴试行办法》调整了环境保护监测津贴标准，提高了一等、二等、三等环境工作人员的津贴标准。同时国家不断鼓励环保产业的人才在环保产业正值技术革新和产业结构变化的新时期，不断主动接受知识教育，终身进行业务学习。用全新的观点、能力和知识来全面武装自身，保持相当的随机应变能力，从而推动产业更好更快更优的发展，努力高效地建设一支既懂业务又具有高素质的环境保护人才队伍。[2] 根据不同地区雾霾产生的原因，重点培养适合本地区的雾霾防治人才。

4. 呈现出区域联动联控发展态势，部门合作不断加强

在“十二五”国家总体规划中，政府部门提出要做好大气、水、土壤污染的防治工作。国务院常务委员会会议讨论通过了十条大气行动计划。由于立足于单一主体是不能够有效防治雾霾的，十条大气行动计划在明确了雾霾防治任务目标后，规定各个部门的职责与分工，使得各部门明确其责任担当。按照国务院常务委员会会议通过的决议来抓好本部门的工作。如果这些部门在执行和落实的过程当中出现行为不当、力度不够的情况，要进行相关的处罚。地方党委和政府应加强对各部门治理工作方面的督促，在生态文明建设体制机制改革的过程中，形成由环境保护部门担当统一监管任务，人力资源和社会保障部门、工业和信息化部门、科学技术部门以及国家发展和改革委员会等部门分工协作的雾霾防治机制。其中环境保护部门是治理环境的主管部门，是最主要的推动和落实部门，它将通过考核机制以及奖惩制度来推动工作的有效落实，并进行绩效考核和实行

---

① 杨娟：《英国政府大气污染治理的历程、经验和启示》，学位论文，天津师范大学，2015年。

② 肖建华、陈思航：《中英雾霾防治对比分析》，《中南林业科技大学学报》（社会科学版）2015年第2期。

相应的物质精神表彰奖励。此外，环保部门也确定了一个监管和问责机制，真正使得雾霾防治工作落到实处。以雾霾防治中重要的雾霾监测为例，相关研究人员在雾霾监测研究方面开展了大量的研究和实践工作。[①]除了以上工作外，气象部门努力拓展与环保局、交通局、卫生局等相关部门的协作机制并加强合作，共享有价值的信息资料，科学地合作研究气象环境形成的条件以及雾霾污染预警预报的应急联防联控联动，推动建立在雾霾污染天气下全国大范围的应急联防联控联动机制。雾霾会让视野变窄变短，能见度大大降低，会给交通带来很大的危害。因此，气象局联合全国的交通部门制作了针对雾霾天气的公路检测预报，发送给交通运输部、公安部、旅游局等合作单位以供参考路况环境。每天还与交通运输部一起制作针对道路交通的气象预报和普及全国公路气象预报，并通过大众传媒及时向公众发布已经制作好的预报产品。除了不断加强部门合作外，雾霾防治的区域联动联控也是一大发展趋势，例如，北京的污染不单单是由市内污染排放所造成的，它周边存在着河南、河北、山东等超级大工业污染大户。只有把北京和周边的污染大省联动联控起来进行雾霾治理工作，北京雾霾问题才不会是一个无法解决的死结。此外，积极吸取国外成功的雾霾防治经验来推动中国雾霾污染治理进程。

5. 重视对雾霾人才的培养，激励人才更好的发展

中国不断加强对雾霾防治的基础性内容研究及支持和鼓励这方面关键性技术的研发工作，使相关的科技成果及时得到快速的转化、有效的应用和极大的推广，用科技成果作为强大的外生动力，为雾霾防治工作提供了强大的支撑。国家加大对雾霾研究的财政投入，使得雾霾人才获得更好的培养条件，极大地鼓励参与雾霾防治的环保科技人员重点开展以下四个方面的工作：一是推进在雾霾防治方面所取得的先进技术成果被快速有效地转化、应用、推广；二是引导清洁燃气的技术研发工作得到开展，展示优秀的示范工程项目，加强区域雾霾防治技术成果交流；三是认真研究雾霾污染对人体健康的危害力，明确对人体器官所造成的恶劣影响；四是定期

---

① 张凌云、齐晔：《地方政府监管困境解释——政治激励与财政约束假说》，《中国行政管理》2010 年第 3 期。

组织举办“雾霾如何有效治理的科学论坛”。在2013年底，覆盖中国190个城市，拥有950个网点的监测网络建立了，被命名为“国家空气监测网”。监测网实时发布微粒物监测数据，有效监督全国各级地方政府的治霾效果是否与其治霾目标相符合。$PM_{2.5}$监测数据常态化公布，空气质量被纳入政府绩效考核内容中，对污染项目的设立与公共绿地的削减要进行慎重考虑。当经济发展建设与环境保护政策发生冲突时，经济应该做出适当的让步和调整，不能以自然环境的牺牲来换取经济建设的短暂辉煌。环保部做出规定，重点污染企业的污染物排放信息要向全社会公开。联合国环境署的一项研究表明，每投资30亿美元改进炼油设备来改善油品质量的经济付出，就能够带来价值250亿美元的健康效益。2015年，中国在重大的环境治理工程方面投入了35亿元资金，其中，用于雾霾综合防治工程的资金最多，达到15亿元。①

七　中国雾霾防治技术政策的发展演进过程

政府在加大财政投入的同时，也不断进行着创新研究，借鉴国外先进经验，进行自主研发，提高清洁能源利用的技术水平，打破雾霾防治产业的经济垄断。由于空气监测仪器所需量大幅增加，$PM_{2.5}$监测仪器成为市场增长最快的一类环境监测仪器。② 但是到目前为止，人们还没有找到一种能够实时准确监测$PM_{2.5}$浓度的仪器设备来得到令人信服的观测数据。所以政府投入一定的资金来支持启动雾霾防治的科技攻关，组织鼓励全国的环保科技人员重点研究$PM_{2.5}$的监测仪器以及符合中国国情的大气污染治理策略和技术体系。从1978年起，中国雾霾防治技术政策就开始出现并逐渐发展，我们根据不同时期技术政策的特点，将中国雾霾防治技术政策的发展演进分为四个阶段，即萌芽阶段、起步阶段、发展阶段和完善阶段。

① 李丽莉：《改革开放以来我国科技人才政策演进研究》，学位论文，东北师范大学，2014年。

② 王金南、雷宇、宁森：《实施〈大气污染防治行动计划〉：向$PM_{2.5}$宣战》，《环境保护》2014年第42卷第6期。

（一）雾霾防治技术政策的萌芽阶段

1978—1992 年是雾霾防治技术政策的萌芽阶段。雾霾防治技术在这一阶段的主要政策措施如表 5－25 所示。1978—1992 年是中国雾霾防治技术政策萌芽期。从 1949 年中华人民共和国成立以来，在政治、经济、文化等方面做出了变革，然而存在的问题也是比较多的。要想提高人们的生活水平，提高国家的综合国力，就必须大力发展经济。于是国家为了发展经济而大力发展工业尤其是重工业，然而在发展经济的同时忽视了环境保护，导致中国的生态环境遭到严重破坏。这一时期，中国出台的各类政策基本上都是针对政治和经济方面的发展的。对于环境的治理缺乏重视，由于知识等的限制，技术政策也相对匮乏，相关的政策措施就比较少。但这并不是说这段时期中国就没有出台任何雾霾防治技术政策。中国分别在 1983 年和 1989 年召开过全国环境保护会议，环境保护也成为基本国策，先后提出了环境保护的几项政策。期间，中国在 1982 年成立了环境保护局；同年国务院成立了环境保护委员会；1984 年成立了国家环境保护局，这些机构的成立给雾霾防治提供了一些保障。1978 年，中国确立了改革开放的政策，对外开放，坚持“引进来”和“走出去”，使国人开阔了眼见，增长了见识，外国文化和思潮的涌入，使人们接触到更多的新事物，科学文化技术等的碰撞，让我们学习到了外国的一些先进文化。我们知道，一些发达国家在文化、经济、政治等各方面都比我们先进很多，它们在雾霾防治的技术政策方面也比中国完善很多，值得我们借鉴，所以改革开放在某种意义上促进了中国在这些方面对技术政策的认识。中国从 1986 年的“星火计划”、1988 年的“火炬计划”等开始有意识地为大气污染防治技术的研究提供支持。1984 年制定的专利法开始对大气污染防治技术成果的相关专利技术进行保护。1983 年颁布汽油车怠速污染排放标准等汽车尾气排放标准和法规的制定与实施，标志着中国在大气污染防治技术相关指标方面有了具体的要求。①

① 周景坤：《雾霾防治政策创新研究》，《科技管理研究》2016 年第 6 期。

表5－25　　雾霾防治技术类政策萌芽阶段的政策措施及特点

主要政策	政策特点
1978—1985年全国科学技术发展规划纲要（1978） 大气环境质量标准（1982） 锅炉大气污染物排放标准（1983） 汽油车怠速污染物排放标准（1983） 柴油车自由加速烟度排放标准（1983） 汽车柴油机全负荷烟度排放标准（1983） 中国对高效节能汽车产量取消限制（1983） 中国农村沼气发展规划（1984） 水泥工业大气污染物排放标准（1985） 中国开发利用太阳能计划（1985） 关于科学技术体制改革的决定（1985） 关于中国农村开发新能源的意见 星火计划（1986） 863计划（1986） 国家自然科学基金资助项目（1986） 中国农村大力发展沼气的行动计划（1986） 建设项目环境保护管理办法（1986） 中华人民共和国大气污染防治法（1987） 中国大力开发利用风能计划（1988） 火炬计划（1988） 轻型汽车排气污染物排放标准（1989） 国务院关于综合技术改造防治工业污染的几项规定（1989） 中华人民共和国环境保护标准管理办法（1989） 建设项目环境保护管理办法（1989） 建设项目环境保护设计规定（1989） 全国机动车尾气排放监督管理制度（暂行）（1991） 中国环境与发展十大对策（1992） 中国环境保护战略（1992）等	开始通过鼓励开发太阳能、风能、核能、沼气等清洁能源来减少大气污染，国家开始有意识地规划大气污染防治技术研究发展方向和保护大气污染防治的专利技术

（二）雾霾防治技术政策的起步阶段

1993—2003年是雾霾防治技术政策的起步阶段。雾霾防治技术政策在这一阶段的主要政策措施如表5－26所示。

表5－26　　雾霾防治技术类政策起步阶段的政策措施及特点

主要政策	政策特点
科技进步法（1993） 汽车大气污染物综合排放标准（1993） 车用汽油机排气污染物排放标准（1993） 中国环境保护行动计划（1993） 大气污染物综合排放标准（1993） 关于加速科学技术进步的决定（1995） 中华人民共和国促进科技成果转化法（1996） 中华人民共和国煤炭法（1996） 大气污染物综合排放标准（1996） 工业炉窑大气污染物排放标准（1996） 炼焦炉大气污染物排放标准（1996） 水泥厂大气污染物排放标准（1996） 全国主要污染物排放总量控制计划（1996） 固定污染源排气中颗粒物测定与气态污染物采样方法（1996） 环境空气质量标准（1996） “973”计划（1997） 中国科学工程院知识创新工程（1998） 轻型汽车排气污染物排放标准（1998） 建设项目环境保护管理条例（1998） 机动车排放污染防治技术政策（1999） 全国生态环境建设规划（1999） 环境法规、标准和制度建设（1999） 关于加强技术创新、发展高科技、实现产业化的决定（1999） 轻型汽车污染物排放限值及测量方法Ⅰ（1999） 机动车排放污染防治技术政策（1999） 车用汽油有害物质控制标准（1999） 保护臭氧层（1999） 大气污染防治法（2000） 全国生态环境保护纲要（2000） 环境空气质量标准（GB 3095—1996）修改（2000） 城市生活垃圾处理及污染防治技术政策（2000） 锅炉大气污染物排放标准（2001） 轻型汽车污染物排放限值及测量方法Ⅱ（2001） 车用压燃式发动机排气污染物排放限值及测量方法（2001） 国务院：关于进一步做好关闭整顿小煤矿和煤矿安全生产工作的意见（2001）	国家通过制定环境保护法规，积极鼓励大气污染防治技术的应用和取代落后的技术，重视整顿技术落后、污染严重组织的生产作业工作，倡导科学是第一生产力和绿色发展的理念，开始尊重科技人员的创造性劳动和保护知识产权，加强了大气污染防治技术研究力度，强化大气污染防治技术成果运用和普及的推广力度

续表

主要政策	政策特点
国务院：关于进一步治理整顿矿产资源管理秩序的意见（2001） 建设项目竣工环境保护验收管理办法（2001） 国家环境保护总局关于进一步加强项目环境保护管理工作的通知（2001） 生活垃圾焚烧处理工程技术规范（2002） 中华人民共和国科学技术普及法（2002） 交通建设项目环境保护管理办法（2002） 新化学物质环境管理办法（2002） 交通建设项目环境保护管理办法（2003） 新化学物质环境管理办法（2003） 国务院关于全国危险废物和医疗废物处置设施建设规划的批复（2003）等	

1993 年到 2003 年是中国雾霾防治技术政策起步期。这一时期中国的经济增长十分明显，国民生活水平也有了很大的提高。但是，伴随着经济的发展，环境污染问题也显现出来，大气污染现象开始增多。那个时候，绝大部分人不知道雾霾这个概念，出现的雾霾现象也被大家单纯地当作“雾”这个天气现象。但是，随着人们生活水平的提高，人们对环境质量的要求相对提高了，这也是中国雾霾发展技术政策得以发展的一个原因。1996 年全国环境保护会议制定了污染防治和生态保护并重的方针，提出保护环境是实施可持续发展战略的关键，要将环境保护工作推到一个崭新的阶段。[①] 在此阶段，中国的雾霾防治政策主要是对技术政策的重视，政府通过对科学技术体制的改革，为企业提供了一个相对较为健全的制度环境，鼓励企业积极创新，自主研发新技术，减少生产过程中所产生的大气污染和生产绿色环保的新产品。在技术政策方面，1993 年《中华人民共和国科技进步法》开始强调尊重知识、人才和科技工作者的创造性劳动，保护知识产权。国家在原有自然科学基金资助计划和“863”等计划的基础上，增加了“973”计划和全国生态环境建设规划等，不断加大对大气

① 杨力华：《我国大气污染治理制度变迁的过程、特点、问题及建议》，《新视野》2016 年第 1 期。

污染防治技术研究的支持力度。国家从1995年《关于加速科学技术进步的决定》和2002年《中华人民共和国科学技术普及法》等开始加大对大气污染防治技术成果的运用和普及推广力度。2001年实施的轻型汽车污染物排放限值及测量方法（I）和车用压燃式发动机排气污染物排放限值及测量方法，在汽车尾气污染物排放方面已经达到欧一标准，这个阶段中国在大气污染技术指标上有所提高。①

（三）雾霾防治技术政策的发展阶段

2004—2012年是雾霾防治技术政策的发展阶段。雾霾防治技术政策在这一阶段的主要政策措施如表5－27所示。2004—2012年是中国雾霾防治技术政策发展期。这一时期中国的经济可谓是跨越性发展，随着人们生活水平的提高，中国汽车的数量快速增长，随之而来的就是大量的汽车尾气排放，汽车尾气是雾霾的一大“帮凶”。由此，中国出台了《轻型汽车污染物排放限值及测量方法》（中国Ⅲ、Ⅳ阶段）（2005），《关于鼓励发展节能环保型小排量汽车的意见》（2006），《镇江推进新能源汽车发展规划纲要》（2010）等相关政策措施，可以看出中国在汽车减排方面所做出的努力。另外，汽车的增多也直接增加了道路的扬尘，对此中国制定了《城市扬尘污染防治技术规范》（2007）来应对这个问题。但是，这个时期中国发展的主要还是重工业，并且石油、煤炭占燃料的大部分比重。对此中国出台了《可再生能源产业发展指导目录》（2005），《燃煤发电机组脱硫电价及脱硫设施运行管理办法》（2007），《关于组织开展资源节约型和环境友好型企业创建工作的通知》（2010），《国务院关于进一步加大工作力度　确保实现“十一五”节能减排目标意见》（2010），《国务院关于加快培育和发展战略性新兴产业的决定》（2010），《工信部等发布工业清洁生产“十二五”规划》（2012），《2012—2020年工业领域应对气候变化行动方案》（2012），《节能减排“十二五”规划》（2012）等一系列政策措施，都是针对改善中国的产业结构和改善中国企业燃烧污染排放问题

① 周景坤：《雾霾防治政策创新研究》，《科技管理研究》2016年第6期。

表5－27　　**雾霾防治技术类政策发展阶段的政策措施及特点**

主要政策	政策特点
国家环境保护工程技术中心管理办法（2004）	重视对中国环境现状的分析，通过出台各种配套政策，鼓励企业坚持科学发展观，落实节能减排、使用清洁能源，发展探索新能源，整体规划中国生态环境保护的发展情况，制定了雾霾防治技术开发的规划，有意识地指导雾霾防治技术的研究与运用，通过国家的宏观调控，出台各种扶持企业雾霾防治的政策，调动企业积极参加雾霾防治，共同抵抗雾霾
地方环境质量标准和污染物排放标准备案管理办法（2004）	
可再生能源产业发展指导目录（2005）	
轻型汽车污染物排放限值及测量方法（中国Ⅲ、Ⅳ阶段）（2005）	
关于鼓励发展节能环保型小排量汽车的意见（2006）	
2006—2020年国家中长期科学和技术发展规划纲要（2006）	
燃煤发电机组脱硫电价及脱硫设施运行管理办法（2007）	
城市扬尘污染防治技术规范（2007）	
生活垃圾焚烧处理工程技术规范（2009）	
大气污染治理工程技术导则（2010）	
关于组织开展资源节约型和环境友好型企业创建工作的通知（2010）	
国务院关于进一步加大工作力度　确保实现“十一五”节能减排目标意见（2010）	
燃气热水器出台新国家标准（2010）	
国家出台降碳减排新政　引导印刷业绿色发展规划（2010）	
镇江推进新能源汽车发展规划纲要（2010）	
船用柴油机氮氧化物排放规则（2010）	
国务院关于加快培育和发展战略性新兴产业的决定（2010）	
关于发布《农村生活污染防治技术政策》的通知（2010）	
火电厂大气污染物排放标准（2011）	
工信部等发布工业清洁生产“十二五”规划（2012）	
重点区域大气污染防治“十二五”规划（2012）	
2012—2020年工业领域应对气候变化行动方案（2012）	
能源科技“十二五”规划（2011—2015）环境空气质量标准（2012）	
蓝天科技工程“十二五”专项规划（2012）	
节能减排“十二五”规划（2012）	
关于发布《农村生活污染防治技术政策》的通知（2010）	
环保装备“十二五”发展规划（2011）	
关于印发《绿色能源示范县建设技术管理暂行方法》（2011）	
关于加快推进农业清洁生产的意见（2011）	
关于组织推荐重点节能技术的通知（2011）	
关于印发《国家环境保护“十二五”科技发展规划》（2011）	
能源科技“十二五”规划（2011—2015）环境空气质量标准（2012）	
关于印发《温室气体自愿凑拢项目审定与核证指南》（2012）	
天然气利用政策（2012）	
关于发布国家环境质量标准《环境空气质量标准》（2012）	
关于公布《“十二五”主要污染物总量减排目标责任书》要求2012年完成的重点减排项目的公告（2012）	

续表

主要政策	政策特点
空气质量新标准第一阶段监测实施方案（2012） 交通运输节能减排专项资金交通运输节能减排第三方审核机构认定暂行办法（2012） 交通运输节能减排能力建设项目管理办法（2012） 节能改造技术导则（试行）的通知（2012） 纯电动乘用车技术条件（2012）等	

题的。这一时期，中国针对多个方面制定了一些政策措施，显现出中国在雾霾防治技术政策方面的发展。2007年修订的《科学技术进步法》和2012年颁布的《蓝天科技工程“十二五”专项规划》等有意识地规划雾霾防治技术研究的重点工作。2004年实施，2001年制定的《轻型汽车污染物排放限值及测量方法（Ⅱ）》等，在轻型汽车尾气污染物排放方面已经达到欧三标准。2010年《国务院关于加快培育和发展战略性新兴产业的决定》把环保产业中的多项大气污染防治相关技术加以推广。在具体雾霾防治技术运用方面进行了甲醇汽车、电动汽车等新能源汽车的示范、试点工作，在火电厂大力推广静电除尘技术等，这个阶段中国在大气污染防治相关技术水平上又进了一大步。①

（四）雾霾防治技术政策的完善阶段

2013年至今是雾霾防治技术政策的完善阶段。这一阶段的雾霾防治技术主要政策措施如表5-28所示。雾霾天气越来越频发，引起了广大民众的关注与重视，尤其是2015年柴静的纪录片《穹顶之下》的播出，更是让大家了解到雾霾这一天气现象及其严重性和危害。想象一下北京，一年中有那么多的雾霾天，夹杂着黄土，简直就是不见天日了。我们前面提到的几个最为严重的雾霾区，京津冀及其周边的山东、华北霾区、华东霾区、华南霾区以及西南霾区，分布广泛。这些引起了中国对雾霾防治的进一步重视，这一时期出台的政策有很多，涉及的方面十分广泛。中国针对

① 周景坤：《雾霾防治政策创新研究》，《科技管理研究》2016年第6期。

表 5－28　　雾霾防治技术类政策完善阶段的政策措施及特点

主要政策	政策特点
京津冀及周边地区落实大气污染防治行动计划实施细则（2013） 环境空气细颗粒物污染综合防治技术政策（2013） 轻型汽车污染物排放限值及测量方法（中国第五阶段）（2013） 关于继续开展新能源汽车推广应用工作的通知（2013） 国家核应急预案（2013） 国务院办公厅关于加快新能源汽车推广应用的指导意见（2014） 京津冀及周边地区重点行业大气污染限期治理方案（2014） 钢铁等四行业实行产能置换意见（2014） 关于助推碳搜集、利用和封存试验示范的通知（2014） 低碳产品认证管理暂行办法（2014） 节能低碳技术推广管理暂行办法（2014） 全国人工影响天气发展规划（2014—2020） 国务院关于国家应对气候变化规划（2014—2020）的批复（2014） 国务院办公厅关于印发 2014—2015 年节能减排低碳发展行动方案（2014） 国务院办公厅关于印发大气污染防治行动计划实施情况评价办法（试行）（2014） 发改委、能源局和环保部联合下发《能源行业加强大气污染防治工作方案》（2014） 大气污染防治重点工业行业清洁生产技术推行方案（2014） 2014—2015 年节能减排科技专项行动方案（2014） 大气污染治理先进技术汇编（2014） 大气污染防治科技支撑专题开通（2014） 节能低碳技术推广管理暂行办法（2014） 国务院办公厅关于推行环境污染第三方治理的意见（2015） 建设项目环境影响评价资质管理办法（2015） 建设项目环境影响后评价管理办法（试行）（2015） 环境监测数据弄虚作假行为判定及处理办法（2015）等	通过实施等一系列政策，重点对中国产业结构做出调整，鼓励全民参与雾霾防治，提倡公众生活和生产方式朝绿色环保方向发展，进一步加大雾霾防治相关技术的研发和推广力度，明确指出了雾霾防治相关技术的特点和适用范围，新能源环保产业日益增多，环保法律法规日趋完善，国家环保监管与执法日趋严格

产业配置，能源、汽车尾气排放等制定了一些技术行动方案：《京津冀及周边地区落实大气污染防治行动计划实施细则》（2013）、《国务院办公厅关于印发大气污染防治行动计划实施情况评价办法（试行）》（2014）、《2014—2015 年节能减排科技专项行动方案》（2014），使得雾霾的防治更加实际可靠。中国用实际行动来解决民众迫切希望解决的问题，在雾霾防治技术政策方面做出了不懈努力，渐渐完善了中国雾霾防治技术政策。

2013 年《大气污染防治行动计划》提出要加大对自主知识产权相关技术的研发力度，2014 年《关于加快推进工业强基的指导意见》明确要求做好袋式除尘技术在燃煤电厂等高温除尘领域的运用推广力度。2014 年《大气污染防治重点工业行业清洁生产技术推行方案》明确要求在建材行业推广熔窑全氧助燃技术、水泥窑减排技术、低阻袋除尘器技术、窑炉烟气和除尘技术等清洁生产技术。此阶段还有火电产业推广等离子点火及稳燃技术替代传统的燃油点火技术，F－T（费托合成）煤制气技术、新型核电技术，在汽车尾气排放上采用欧四标准等技术得到推广。特别是 2014 年制定的大气污染治理先进技术汇编 89 项关键的大气污染治理先进技术和 130 余个成功案例，中国在大气污染防治技术指标和要求上有了非常明确和全面的规定。2014 年在国家科技报告服务系统中新增了大气污染防治科技支撑专题内容，面向相关人员提供开展大气污染防治科技支撑的专题报告、专利、关键技术等方面的服务。①

（五）中国雾霾防治技术政策的发展趋势

技术政策在中国的雾霾防治方面有着不可忽视的作用，所以在雾霾防治的道路上不断发展技术政策是必不可少的，我们应该坚定不移地把技术政策作为防治雾霾的重要途径并不断加以创新发展。中国雾霾防治技术政策具体呈现出以下几个发展趋势。

1. 雾霾防治技术政策市场化运作趋势逐步加快

市场化运作是指根据市场经济的规律与要求，按照企业化运营方式，充分配置内外部资源，实现自身效益的最大化。随着社会的发展，只依靠政府的力量，靠政府的财政支持，对于雾霾防治的效果是比较有限的，我们应该在政府的领导下结合市场的作用来达到更好的治理雾霾的效果。例如，中国一直开发并进行市场推广的新能源汽车的应用，就是借助市场这个平台来达到节能环保效果的。2015 年国家和地方出台了诸多新能源汽车优惠政策。② 除此之外，从国家出台的政策中可以看出，中国正努力推

① 周景坤：《雾霾防治政策创新研究》，《科技管理研究》2016 年第 6 期。

② 李艳娇：《国家及地方新能源汽车推广政策总览》，《第一电动网》2014 年第 8 期。

进企业使用清洁能源、环保材料的进程，例如，国家出台了《降碳减排新政，引导印刷业绿色发展规划》(2010),《大气污染防治重点工业行业清洁生产技术推行方案》(2014) 等，企业排放对环境的影响不可忽视，所使用能源质量的提高和结构的改变指日可待。在推进技术政策市场化运行的进程中，国家及一些省份出台了多项政策，这些政策着力于清洁新能源方面的推广，致力于能源结构的改变，利用市场来加以推进，政府和市场结合起来，共同努力，这对于中国的环境保护，尤其是雾霾的防治有着重大意义，并且更好地促进了中国雾霾防治技术政策的良好发展。[①]

2. 雾霾防治技术政策呈现出合理化发展

相关资料显示，中国对于煤炭的依赖程度极高，工业燃烧的大部分是煤炭并且是不纯净的煤炭，所以导致企业的废气排放对大气的污染极其严重。另外，汽车以石油为动力，大量的汽车所排放的尾气也严重污染了大气。这是中国较早就认识到的问题，也较早地采取了相应的技术政策措施，但这还是不够全面的，由于影响雾霾的因素很多，形势使得雾霾防治技术政策趋向更全面的发展。从政策方面来看，中国在很多方面制定了相应的政策。首先，在优化能源结构方面，政策占有很大的比重，应积极调整能源结构。中国还从污染的排放着手，制定了更加严格、完善的政策及行业污染物排放标准，如《汽油车怠速污染排放标准》(1983)、《全国机动车尾气排放监测管理制度（暂行)》(1991)、《大气污染物综合排放标准》(1993) 以及对工业废气排放所制定的一些标准和采取的一些监测制度。这类相应的政策严格控制企业细颗粒物及其前体污染物的排放量[②]；调整产业结构，逐步减少并淘汰一些重工业,有效缓解交通压力从而间接降低污染排放；提高车辆、船舶用燃料的清洁化水平，降低有害物质含量，如《船用柴油机氮氧化物排放规则》(2010)；在社会公众生活方面也出台了相应的措施，如《中国农村沼气发展规划》(1984),《生活垃圾焚烧处理工程技术规范》

① 周景坤：《雾霾防治政策创新研究》,《科技管理研究》2016 年第 6 期。

② 《污染防治技术政策 雾霾治理系统药方》，中国共产党新闻网，http：//cpc. people. com. cn/n/2013/0729/c367366-22367893. html。

（2002）等。这些都充分显示了中国雾霾防治技术政策所涉及的范围变得广泛而全面，进一步趋向合理化发展。①

3. 雾霾防治技术政策法制化速度加快

从1993年以来，许多技术政策是以法律法规的形式出台的，如《环境保护法》（1979）、《中华人民共和国大气污染防治法》（1987）、《科技进步法》（1993）等，法律是雾霾防治的重要保障。法律是大家必须执行或者遵守的一个行为规范，所以技术政策以法律法规的形式出台就更具权威性，也给雾霾防治提供了法律依据，从而有效纠正了一些企业及个人污染环境的行为，强化了人们的环保意识，最终保障了人们的切身利益。中国雾霾防治技术政策法制化进程不断加快，充分保障了雾霾的治理，雾霾防治技术朝着健康的态势发展。②

4. 雾霾防治技术政策创新速度加快

随着时代的发展，技术也在不断进步。雾霾防治技术政策不断得到创新，例如，中国开发利用太阳能计划（1985），中国大力开发利用风能计划（1988）等就是由于技术的进步而使得我们可以对这些纯净无污染的自然资源加以利用。这些政策也是我们所需要的，符合我们的实际情况。并且技术政策不断创新，有利于我们更加科学有效地治理雾霾这一灾害天气。雾霾天气逐渐多见并强烈推动着技术政策的创新，只有技术政策不断创新，才能完善治霾措施，符合雾霾防治的需求。雾霾的根治离不开技术创新，离不开技术政策的创新。③

① 周景坤：《雾霾防治政策创新研究》，《科技管理研究》2016年第6期。

② 同上。

③ 同上。

第六章　外国雾霾防治政策的主要做法及成功经验

中国雾霾形成的主要原因是煤炭燃烧排放、城市建设污染、汽车尾气排放等。然而，由于污染源的多样性，污染物在空间分布上呈现跨区域性，污染物危害暴露的滞后性等特征导致雾霾防治难度较大。尽管政府已出台若干治理大气污染的政策与措施，但雾霾防治成效仍相当有限。

纵观世界各国，英美等经济发达国家在经济快速发展的时期也曾面临或正面临着与中国相类似的大气污染问题，例如一个典型代表国家就是英国。作为世界上最早实现工业化的国家，英国工业在 19 世纪进入了急速发展时期。伦敦在成为工业革命发源地和工业中心的同时，其工业发展所产生的大量废气使得空气污染形势渐趋严峻，导致伦敦成为世界上最早出现雾霾问题的城市。在 1952 年发生造成 4000 多人死亡的“伦敦烟雾事件”后，英国用了半个世纪治理大气污染，最终甩掉了“雾都”的帽子。另一个典型代表国家美国在 20 世纪 70 年代也面临着严重的环境污染问题。美国的洛杉矶由于“二战”期间大力发展飞机制造业、军事工业等现代工业，及此后石化能源的开采和汽车拥有量的增加，使其成为美国最早陷入空气污染的城市之一。在经历 1948 年宾夕法尼亚州的空气污染事件，1955 年洛杉矶光化学烟雾污染事件等血泪教训以后，美国于 1955 年出台了第一部空气污染治理法案《空气污染控制法》，又于 1963 年通过了美国最重要的空气污染控制法案《清洁空气法》。自此，美国开始了 68 年治理空气污染的行动。2015 年 8 月，美国环境保护署宣布正式实施《清洁能源计划》，朝着减少碳污染的发电厂以应对气候变化迈出了历史性的重要一步。[①] 外国在环境保护方面的政策措施能为中国的雾霾防治困境提供宝贵的借鉴经验。[②]

一 外国雾霾防治财政政策

对防治雾霾天气外国政府主要采取了以下几个方面的财政政策措施。

(一) 财政预算

不少国家在其所制定的财政预算中包括政府对大气污染治理的财政支持，如英国、美国、加拿大、德国、法国等国家每年都安排财政预算资金用于防治大气污染。2001 年，英国用于与大气污染防治相关的公共财政投入为 4.35 亿英镑。其中 1 亿英镑是用于鼓励使用者采购与防治大气污染相关的技术和设备，1.08 亿英镑支付给予大气污染防治相关的基金，3000 万英镑用于减少二氧化碳的排放，5000 万英镑用于社区防治大气污染相关的工作。在 2002 年英国的公共财政预算中，有 2 亿英镑用于与大气污染相关基金的预算，其中贴息贷款占 25%，另外，无息贷款为 1000 万英镑。同时英国是世界上第一个使用“碳预算”的国家。2009 年 4 月，英国政府就宣布了将“碳预算”纳入政府预算的政策，同时对与低碳经济相关的产业给予 104 亿英镑的追加投资。[③] 对于企业和研究机构研发与防治雾霾相关的新技术、新产品给予其费用总额 70% 的资助。法国 1991 年倡议各级政府部门开始执行与建筑雾霾防治相关的计划。2008 年，法国的环境与能源管理方面的财政预算约为 30 亿法郎，预算的分配是可再生能源的使用，新能源的开发与节省，大气污染防治等分别是 5 亿、7 亿、18 亿法郎，2001 年的财政预算为 11.8 亿美元，两年后增加到 13.1 亿美元。对于能耗高的交通运输、建筑、钢铁等部门，每年都提供资金支持。2009 年，美国在财政方面给予新能源技术推广 22 亿美元的资金支

① Epa, Fact Sheet: Overview of the Clean Power Plan, 2015, p. 15.

② 周景坤、黄洁：《国外雾霾防治财政政策及启示》，《经济纵横》2015 年第 6 期。

③ 王少梅、李茜倩、谷娜：《试论雾霾现况与环保技术》，《哈尔滨师范大学自然科学学报》2015 年第 5 期。

持，对与雾霾防治相关技术研发的支持体现在三个方面：一是可再生能源发电技术；二是交通运输的先进燃料以及交通工具的改进技术；三是能源效率的提高。《美国清洁能源与安全法案》规定，到2025年，美国将投入1900亿美元用于能源和清洁能源技术的提高。对可再生能源比如太阳能、风能和地热能等的开发，德国每年也投入6000多万欧元的资金支持。[①]

（二）政府采购

许多国家通过政府采购行为，促进雾霾防治产品和技术的发展。为了减少空气污染，美国规定政府必须购买本国产高效且与雾霾防治相关的产品，各级政府部门必须购买带有绿色标识的产品，如2005年美国联邦政府采购了10万辆洁净汽车。另外，英国为了推动可再生能源发电，对可再生能源的电力供应实施政府采购等。1995年，日本制定并实施了政府操作的第一个“绿色行动计划”，在法律方面制定了《绿色采购法》和《促进再循环产品采购法》，要求政府机关必须采购“绿色”产品，在公车的使用上必须全部采购“低公害车”；到21世纪初，日本特定绿色产品的采购约占97%，政府率先使用绿色产品，此举对引导公众的绿色消费观念起到了良好的引导作用。[②] 为了采购渠道的畅通，日本建立健全了相关网络渠道，方便政府与各个企业的无障碍信息沟通。[③]

欧盟许多国家开展绿色采购已经很多年了，为使各国之间能够很好地开展绿色采购的合作和经验交流，欧盟提供了一个良好的平台，欧盟拥有其绿色采购网络组织（EGPN），并建立了政府采购的数据信息库。同时绿色采购网络组织可以对欧盟各国政府采购的历史演进、发展过程有很好的资料收集、整理，便于对采购政策进行总结，这有利于指导各国对未来的采购政策走向进行预测，同时能够为各国提供宝贵的采购政策建议。在法律法规方面，21世纪初欧盟制定了第六个环境“行动计划”，这一行动计划就涉及绿色采购的内容。2004年，欧盟颁布了两部关于政府采购的

① 周景坤、黄洁：《国外雾霾防治财政政策及启示》，《经济纵横》2015年第6期。

② 王少梅、李茜倩、谷娜：《试论雾霾现况与环保技术》，《哈尔滨师范大学自然科学学报》2015年第5期。

③ 周景坤、黄洁：《国外雾霾防治财政政策及启示》，《经济纵横》2015年第6期。

法律。这两部法律解决并体现了政府采购所可能遇到的问题以及所需要加强的方面。另外，欧盟制定并实施了《政府绿色采购手册》，专门面向采购机构和团体购买者，该手册规定统一使用欧盟的绿色采购要求。手册的重点体现在以下几个方面：第一，采购要遵循公平及物有所值的原则；第二，采购合同要求含有优先选择与雾霾防治相关产品的规定；第三，各级政府采购在供应商选择时要重点考虑有利于雾霾防治等环境保护因素；第四，产品成本的价格应该按照产品生命周期成本法来确定；第五，制定了与雾霾防治相关的改进合同法，它给相关政府采购提供了重要的方向指导。①

（三）收费政策

收费可以分为对产品收费和对消费者收费。在雾霾防治方面，许多西方发达国家实行排污收费制度。对污染的治理，英国主要遵循“谁污染，谁付费”原则，即构成污染的企业要缴付治理污染费用，由政府选定有资质的专业环保公司来治理污染。公司必须对其治理污染的效果负责，同时接受政府监管，这与“谁污染，谁治理”的原则有所区别，它是利用市场机制，由第三方对污染进行专业治理，既减少了排污企业的扯皮现象，又能保证治理的效果。除此之外，英国对大气污染违法行为的处罚相当严厉，罚款没有设置最高的上限，违法的公民还要承担相应的刑事责任和民事责任。经济合作与发展组织认为，使用者付费或支付费用具有强制性，但它们的目的是回收提供服务所付出的成本。因此，所收的费用最终不会成为政府的预算，而是回到公共或私人部门的服务提供者当中。②

（四）专项基金支持

为了促进经济的可持续发展和能源的可再生性，英国政府成立了多种

---

① 周景坤、黄洁：《国外雾霾防治财政政策及启示》，《经济纵横》2015 年第 6 期。

② 周景坤、黄洁：《国外雾霾防治财政政策及启示》，《经济纵横》2015 年第 6 期；The World Bank，The International Bank for Reconstruction and Development Environmental Fiscal Reform—What Should Be Done and How to Achieve It，2005，p. 140.

专用基金。如每年提取约6600万英镑的“碳基金”来应对雾霾等气候变化，由英国政府投资、按商业化的企业模式来运作，对雾霾防治等技术加大了投资。英国政府于2008年启动“环境改善基金”，各级政府可以对雾霾防治和绿色能源的技术进行投资，以为雾霾防治与绿色能源相关的国际合作提供基金资助。法国设立节能担保基金，通过政府与银行合作的方式，在环境保护方面对中小企业的投资提供贷款担保，该基金由法国环境与能源控制署与中小企业开发银行合作成立，目的是促进中小企业做好与雾霾防治相关的环境保护工作，提高资源的使用效率。美国则是建立与雾霾防治相关的公益基金，该基金的管理部门是各个州的公用事业委员会，筹集基金的方式是通过提高2%—3%的电价来实现，需要使用该笔资金来开展活动的相关部门和单位可以申领。①

（五）财政补贴

从狭隘的概念来说，补贴是不同层级的政府给予生产者或消费者直接的现金补贴。从更广泛的意义上说，补贴可以使消费者购买的产品低于市场价格，或者使生产者的生产能力高于市场水平，又或者降低消费者和生产者的成本。对财政补贴的分类，一般来说，财政补贴主要包括投资补贴、生产补贴和消费补贴三种。1956年，英国政府为了治理雾霾，对烟尘控制区进行壁炉改造，更换燃料，并且政府至少补贴70%的改造费用。洛杉矶对不同的污染源进行区别补贴，政府通过财政补贴，鼓励对旧车加以淘汰，对工业设备进行更新换代。在可再生能源发电政策方面，德国颁布了《可再生能源法》，执行了一系列针对生产者的补贴政策，比如，对企业采用可再生能源的发电新设备提供投资补贴等。1995年印度德里空气污染的主要来源是：机动车辆、火电工厂和工业。该城对机动车辆所造成的空气污染的财政措施主要是对减少污染的方式提供补贴，并对车辆收取交通拥挤费和停车费等。② 另外，在风能和电能等方面，美国也给予生

---

① 周景坤、黄洁：《国外雾霾防治财政政策及启示》，《经济纵横》2015年第6期。

② Rita Pandey, “Fiscal Options for Vehicular Pollution Control in Delhi”, *Economic and Political Weekly*, 1998 (11): 2873 - 2880.

产补贴，同时对电价执行投资补贴或直接的补贴，补贴范围为1500—5000美元/千瓦，占整个项目最初投资的15%—50%；欧洲大部分国家也对使用热水器等取暖设备的用户提供了高于30%的补助。自1978年以来，美国一直对乙醇进行补贴，从1997年开始增加了对生物柴油的补贴。在这个时期，对乙醇的补贴从每加仑40美分上升到60美分。目前对乙醇每加仑补贴51美分，对用烹饪油或动物脂油这些可回收的材料生产的生物柴油每加仑补贴50美分，用可回收材料如大豆等生产的油料作物每加仑补贴1美元。[①] 许多发达国家还针对消费者的需求在汽车、房产等领域实施了一系列消费补助政策。另外，日本非常重视与雾霾防治相关的环境保护工作的宣传普及活动。为了加强国民的环保意识，2004年，日本政府补贴非营利组织15.3亿日元用于与雾霾防治相关的环境保护活动。[②]

大多数经济学家认为，将补贴引入经济会导致资源配置的效率低下，因此在补贴改革中应尽量减少这些扭曲行为。对环境财政的改革在多大程度上能改善资源分配取决于众多因素。根据Steenblik的观点，这些重要的因素包括：一是补贴行为造成的价格响应；二是补贴的形式；三是补贴的附加条件；四是补贴政策和其他政策的相互作用。[③] Liaqat Ali指出，不发达国家的能源体制更少地依赖石油和天然气，这个转换是一个长期的过程，可以分为两个截然不同的阶段。第一阶段是从20世纪80年代到21世纪初，对能源的使用可能会发生快速的转变，从之前的依赖石油和天然气转变为更多地依赖煤炭、油砂、油岩、核裂变和地热，以及太阳能、生物质能、风能等可再生能源，这些在二次能源形式的转变中是温和的与可管理的。第二阶段是21世纪的前25年，可持续的能源供应将包括反应堆、大型太阳能和其他可再生能源形式在内，这些现在都被证明是具有技术可行性和经济可行性的。同时他还指出，在众多限制能源体系的系统

① Wallace E. Tyner, Farzad Taheripour, "Renewable Energy Policy Alternatives for the Future," *Agricultural Economics*, 2007 (12): 1303 - 1310.

② 周景坤、黄洁：《国外雾霾防治财政政策及启示》，《经济纵横》2015年第6期。

③ The International Bank for Reconstruction and Development/The World Bank, "Environmental Fiscal Reform—What Should Be Done and How to Achieve It," 2005.

中，不发达国家能源生产的融资是更为重要的因素。[①]

二　外国雾霾防治税收政策

税收政策是目前世界各国应用得十分广泛的雾霾防治工具。它通过征税调节企业以及个人的行为，以达到减少污染的目的。虽然雾霾形成的原因较为复杂，但其主要来源是大量燃煤废气和机动车尾气。除此之外，还有大量的基建所产生的扬尘、其他污染所产生的硝酸粒子和硫酸粒子所造成的可吸入粒子。这里基于雾霾产生的主要来源物质，分别介绍外国针对这些污染源的雾霾防治的税收政策。[②]

（一）征税政策

1. 能源税

1952 年，伦敦发生了严重的雾霾事件，英国政府为了解决雾霾问题制定了能源计划。该计划包括在城市增加使用可替代燃料汽车的数量，划出低排放区域并禁止排放污染严重的车辆驶入该区域。当时政府解决雾霾很重要的方法是用天然气，减少煤炭能源的使用，减少废气污染排放，增加可再生能源在整体能源中的比重。[③] 1996 年，荷兰把使用矿物油的家庭和企业也列入纳税对象，但对在两种情况下使用天然气可以执行免税政策：一种情况是天然气用于发电和不作燃料使用，另一种情况是天然气用于温室园艺或用于运输燃料。2005 年 8 月，美国布什总统签署《2005 年能源政策法案》，该法案的内容包括在 2005 年到 2015 年这 10 年间，将投入价值超过 140 亿美元的税收激励。这些激励措施既包括现有的激励政策，也涵盖了新举措。目前，美国的能源政策集中在可再生能源和能源使用效率的税收激励方面，这与 2005 年之前以有关化石能源税收为主的政

① Liaqat Ali, "Financing New and Renewable Sources of Energy," *Economic and Political Weekly*, 1981 (5): 913 - 921.

② 周景坤、杜磊：《国外雾霾防治税收政策及启示》，《理论学刊》2015 年第 12 期。

③ Erin E. Dooley, "Fifty Years Later: Clearing the Air over the London Smog," *Environmental Health Perspectives*, 2002 (12): 748.

策有所不同。[①] 2013 年，美国的新政为地热产业投入了 40 亿美元。[②]

2010 年，印度政府引入清洁能源税，对煤炭进行征收，所得收入给 2009 年成立的国家清洁能源基金会，用于清洁能源技术的研究和开发。所征收的税额是每吨 50 卢比（约 1 美元），该税既适用在印度生产的煤炭，也适用于进口煤炭。据估计，2010 年和 2011 年印度每年生产 6.1 亿吨煤炭，新税每年将会产生 300 亿卢比的税收收入。[③]

2. 对排放的废气征税

发达国家根据污染物的不同，一般把环境税主要分为废气、废水、噪声、固体废弃物、垃圾税五类。在雾霾治理过程中主要涉及的是废气的防治。20 世纪末，欧洲不少国家对空气污染税收进行了改革：第一，对空气污染相关的税收结构由收入征税转为向有害行为征税；第二，采用新税、调整现行税收方式、调整税率等措施。目前，许多国家根据国情制定了行之有效的防治雾霾税收政策，开征了对二氧化碳排放征收的碳税，对二氧化硫排放征收的硫税、对氮氧化物排放征收的税种。[④]

（1）二氧化碳税

瑞典 1991 年对煤炭以 620 瑞士克朗/t，石油为 720 瑞士克朗/ m^3，汽油为 580 瑞士克朗/ m^3，液化石油气为 750 瑞士克朗/ m^3，航空油为 790 瑞士克朗/t 征税。荷兰于 1992 年把二氧化碳税改为能源/碳税，两者各占 50% 的比例。虽然一些能源消费者是豁免税收的，但是碳税是不能够豁免的。[⑤]

---

① Gilbert E. Metcalf, "Federal Tax Policy Towards Energy," *Tax Policy and the Economy*, 2007 (11): 145 - 184.

② 周景坤、杜磊：《国外雾霾防治税收政策及启示》，《理论学刊》2015 年第 12 期；《2013 年美国可再生能源将迎新发展机遇》，2013 年 1 月 16 日，http: //www. askci. com/news/201301/16/1617554155662. shtml。

③ 周景坤、杜磊：《国外雾霾防治税收政策及启示》，《理论学刊》2015 年第 12 期；Dinesh C. Sharma, "Clean Energy Tax for India," *Frontiers in Ecology and the Environment*, 2010 (4): 116.

④ 周景坤、杜磊：《国外雾霾防治税收政策及启示》，《理论学刊》2015 年第 12 期。

⑤ 同上。

（2）二氧化硫税

二氧化硫税以二氧化硫的实际排放量征税。关于二氧化硫税的征收，Alan Schlottmann 论证了硫税的作用，认为不仅可以通过减少硫排放量提高空气质量，而且对煤炭行业会产生显著的区域效应，减少对高硫煤的开采。[1] 根据各国的国情，许多西方国家在对二氧化硫税的课税对象选择上有所区别。有的直接对排放物二氧化硫征税；有的则是对产生二氧化硫的矿物燃料征税；有的是对大排放源所排放的二氧化硫征税，对小排放源的矿物燃料征税。各国硫税的征收情况如表 6－1 所示。

表 6－1　　**各国硫税的征收情况表**

征收标准	国家	征收目的	征收内容
直接征收	法国	为大气污染控制设施提供补贴，用来资助技术开发建立监测网络	1985 年，对热值超过 5 万千瓦以上的锅炉征费；1990 年将费改税，对大于 2 万千瓦以上的锅炉和处理能力超过 3 吨/小时的生活垃圾焚烧厂征税
间接征收	瑞典	排放量在 1980 年的基础上削减 80%	依据燃料的含硫量，对煤、焦炭、泥炭、石油等燃料的零售商和大宗消费者征收
	芬兰	减少二氧化硫的排放	对无硫柴油和含硫柴油实行差别征收
直接、间接相结合征收	美国	有利于减少排放	一级区，每一磅硫征 15 美分；二级区征 10 美分；二级以上区免征
	丹麦	支持节能投资	所有类型的能源使用所产生的硫排放都适用此税：一种是产品税，是对燃料的含硫量进行征收；另一种是排放税，是对二氧化硫的实际排放量进行征收

资料来源：周景坤、杜磊：《国外雾霾防治税收政策及启示》，《理论学刊》2015 年第 12 期。

法国于 1985 年对二氧化硫征收大气污染费，时限为 5 年，收费对象为热值超过 5 万千瓦以上的锅炉排出的二氧化硫，每排放 1 吨二氧化硫征收 130 法郎，每年的费用为 1 亿法郎。1990 年，法国对二氧化硫的征费

① Alan Schlottmann，Lawrence Abrams，"Sulfur Emissions Taxes and Coal Resources，" *The Review of Economics and Statistics*，1977（2）：50－55.

实行费改税，时限5年，另外加征了氮氧化物、硫化氢、碳化氢税，征收对象为大于2万千瓦以上的锅炉和处理能力超过3吨/小时的生活垃圾焚烧厂，税率为每排放1吨二氧化硫收150法郎，全年可征收1.9亿法郎。瑞典1991年开征二氧化硫税，在1980年的基础上削减80%并开征此税，税率是根据政府削减二氧化硫的边际治理费用来确定的。1993年芬兰和1996年丹麦开征二氧化硫税，企业的纳税方式有两种：一种是产品税，是对燃料的含硫量进行征收；另一种是排放税，是对二氧化硫的实际排放量进行征收。①

3. 燃料以及机动车相关税收

为了减少机动车尾气的污染，欧洲各国开征了各式各样的税种来影响交通行为。具体与机动车相关的税收有车辆购置税、经常性的年费、燃油税、对商用车征税、特殊的燃油税。② 各国对机动车的税收政策如表6－2所示。日本对排量不同的车辆设置不同的购置税。此外，伦敦为了减少机动车排放的废气污染，还征收交通拥堵税。这在全球属于先例，此举有效地减少了汽车尾气的排放。在荷兰，政府为环境保护筹措资金而对汽油、柴油、天然气等主要燃料征税。瑞典征收机动车税、汽油和甲醇税、里程税等，根据含铅量的大小进行差异征收。这些税收都在一定程度上减少了机动车的使用，进而减少了机动车尾气的排放量。③

汽油税在不同的国家之间差异很大。比如，2000年英国每公升汽油征收50便士（每加仑大约2.80美元），是工业化国家中最高的，而美国联邦和州政府平均征收的是每加仑40美分，在工业化国家中所征收的税率是最低的。2005年，美国对无铅汽油征收的税率在所有经合组织成员国中是最低的，其税率是每升0.104美元，而其他经合组织国家征收的平均水平是每升0.789美元。在所有经合组织成员国中，英国的汽车燃油税

① 周景坤、杜磊：《国外雾霾防治税收政策及启示》，《理论学刊》2015年第12期。

② Lan Crawford，Stephen Smith，“Fiscal Instruments for Air Pollution Abatement in Road Transport,” *Transport Economics and Policy*，1995（1）：33－51.

③ 周景坤、杜磊：《国外雾霾防治税收政策及启示》，《理论学刊》2015年第12期。

排在第三位。另外，英国对碳氢化合物征收的税额占总能源税收的90%。[①] 英国政府征收高税率的汽油税基于三个理由：首先，通过惩罚汽油消费，减少二氧化碳的排放和对当地的空气污染；其次，提高驾驶成本来减少交通拥堵和交通事故；最后，给英国政府带来了可观的收入——相当于1/4 的个人所得税。从目前来看，英国执行的效果很好。[②] 各国对机动车的税收政策情况如表6－2 所示。

表6－2　**各国对机动车的税收政策**

国家	机动车税收政策
英国	征收17.5%的新车营业税，以及年度汽车消费税；对商用车征收高额税率，伦敦征收交通拥堵税
芬兰	根据汽车是否配备了催化转换器进行区别征收
德国	每年对不符合欧盟排放标准的汽车征收，税率根据汽车的年限而定
荷兰	符合欧盟标准的汽车可减少营业税
瑞典	根据汽车的车重和环境特征征税，对有催化转换器的汽车给予补贴，反之，征收特定的税收
美国	对卡车征收更高的消费税（12%），每年对重型卡车征收使用税
日本	对低排放的汽车、电动汽车和使用可替代燃料的汽车实行减税政策
印度	机动车尾气排放费，对不同类型的车辆加以区别征税，给予新车税收补贴
澳大利亚	1992 年在汽车登记中引入环境税，税率是在新车价格和平均耗油量的基础上制定，同时减少新车增值税

资料来源：周景坤、杜磊：《国外雾霾防治税收政策及启示》，《理论学刊》2015 年第12 期；Rita Pandey，"Fiscal Options for Vehicular Pollution Control in Delhi，" *Economic and Political Weekly*，Vol. 33，No. 45（Nov. 7－13，1998）：2873－2880.

---

① Gilbert E. Metcalf，"Federal Tax Policy towards Energy，" *Tax Policy and the Economy*，2007（2）：145－184.

② Lan W. H. Parry，Kenneth A. Small，"Does Britain or the United States Have the Right Gasoline Tax？" *The American Economic Review*，2005（9）：1276－1289.

4. 资源税

在资源税方面，美国主要开设了开采税、煤炭税。开征开采税的初衷是希望以控制开采速度的方式来保护自然环境。征收对象主要是石油和天然气等自然资源；煤炭税征收的目的在于为“煤肺病”患者提供社会保险基金。各发达国家征收资源税的目的主要是促进资源的有效利用和减少环境污染，并且各国税制模式差异不大。虽然日本及欧洲各国的能源税负重，但这些国家的能源利用效率得到了较大提高。[①]

（二）税收优惠政策

1. 直接减免税

美国政府在天然气、石油、电力和煤气等领域鼓励企业采取环保、节能措施，对所有的能源企业提供减税政策。在企业方面，2001 年，美国对新建的节能住宅、建筑等减免税收；在非企业方面，政府对家庭中使用的大型耗能设施实行税收减免，比如家庭住宅的空调设备、取暖设备的维护和更新等给予一定比例的税收减免。法国对节能设备实行减免税政策，例如对交通运输、住宅、服务业和工业采用了节能设备的企业给予减免税的优惠，同时鼓励使用那些既能发电又能发热的设备。[②]

2. 投资抵免

美国的联邦法包含许多生产和投资化石燃料、可替代燃料、核能和可再生能源的税收抵免政策，比如对生产非传统石油、酒精和生物柴油燃料的税收抵免等。[③] 美国规定地热发电、风能和太阳能可以享受 25% 的投资抵免。荷兰政府制定太阳能、风能、高能效生产设备、建筑物的保温隔热、余热利用设备等可享受政府 10% 的投资优惠，并详细规定了能够享受能源税收优惠政策的项目类型等。[④]

---

① 周景坤、杜磊：《国外雾霾防治税收政策及启示》，《理论学刊》2015 年第 12 期。

② 同上。

③ Gilbert E. Metcalf, “Federal Tax Policy towards Energy,” *Tax Policy and the Economy*, 2007 (12): 145 - 184.

④ 周景坤、杜磊：《国外雾霾防治税收政策及启示》，《理论学刊》2015 年第 12 期。

3. 加速折旧

欧洲国家非常重视环保技术的推广和使用，比如德国、法国，它们通过制定优惠的机动车折旧政策，加速从燃油向清洁能源为主的机动车更换，鼓励企业研制电能或太阳能的清洁汽车，促使清洁汽车和相关设备在市场上更具备竞争力，占有更多的市场份额。另外，美国规定，对防治污染的专项环保设备可在5年内完成折旧。[①]

三　外国雾霾防治金融政策

（一）排污权交易

排污权交易指的是在确定污染物排放总量的前提下，建立合法的污染物排放权，并允许这种权利在市场机制下进行买卖，以此达到对污染物排放总量进行控制的目的。这一概念最先在1968年由美国学者约翰·戴尔斯提出，其主要思想是建立市场交易机制，使企业在减少污染物排放后将其排污权利与排污量较多的企业进行交易，从而获得排污减少所带来的经济利益。企业出于市场趋利性的目的就会因此产生动力，进一步减少污染物排放，从而达到污染物控制的效果。排污权交易政策是目前世界上大多数国家所采用的雾霾防治主要金融政策之一。这一理论最早在美国得到实践与推广，美国也是世界上实施这一政策范围最为广泛的国家。总体而言，排污权交易从理论到政策实践应用可以美国为例，主要可分为三个时期。20世纪70年代中期至80年代末为第一时期，以危机泡泡（risk bubbles）、补偿交易计划（offset trading program）、储蓄条款（banking）、净额结算（netting）四项政策为核心内容，联邦政府主要采取“排放削减信用”的形式来激励企业减少污染物的排放。第二个时期是以1990年《清洁空气法》修正案颁布为起始标志。该法强制规定，联邦各州污染主体为达到国家环境空气质量标准必须采用污染物限制排放技术。但污染主体最了解污染问题产生的原因及应对方法，因此采用的具体技术则可以由污

---

① 周景坤、杜磊：《国外雾霾防治税收政策及启示》，《理论学刊》2015年第12期。

染排放主体选择，并且鼓励发明新的限排减排技术。[①] 在这一时期里，政府以排污许可证交易的形式进行污染物总量控制，进一步体现了排污权利的市场交易性，主要包括酸雨计划（CAIR）、区域清洁空气激励市场计划（RECLAIM）、东北 Nox 预算交易计划，其中酸雨计划所取得的成效最为显著。相关统计表明，2011 年，美国 SO_2 排放量为 450 万吨，同比 2005 年下降了 56%。NOx 排放量为 200 万吨，同比 2005 年下降了 30%。[②] 第三个时期主要以区域温室气体削减计划（RGGI）、加利福尼亚和西部气候计划（CWCI）、中西部气候变化行动（MGGRA）、气候变化自愿性计划为内容，发展重点在于实现美国对气候变化的有效应对。美国是采用市场力量治理环境污染力度最大的国家，这与美国的联邦制国情密切相关。排污权交易市场机制有效地弥补了联邦政府在行政政策上实施效果的不足。迄今为止美国排污权交易政策的实施成为最广泛的排污权交易实践。鉴于美国实施该政策所取得的显著效果，英国、德国、澳大利亚和加拿大等国政府也陆续开始应用这一政策以应对本国的环境治理问题，并根据各自的国情发展制定出各具特色的排污权交易体系。在排污权交易的参与企业主体资格管理上，各国有着不同的要求，其中以德国对认定规定得最为严格。1997 年制定的《京都协定书》和 2003 年制定的《欧盟排放权交易指令》（EU-ETS）是对德国排污权交易政策实施影响最大的两项国际条约。《欧盟排放权交易指令》通过《2020 年气候和能源方案》和《2030 年气候与能源框架》两个目标为欧盟实现向 2050 年低碳经济转型设定了详细的低碳路线图。[③] 在此两项国际条约的规定下，德国政府 2004 年颁布了《温室气体排放交易法》，其中明确规定德国境内所有企业进行二氧化碳排放的机器设备都要接受统计调查，只有排放量控制在标准以内，并通过审核的企业才有参与排污权交易的资格，并且企业的排污权交易许可证是

① 周景坤、黎雅婷：《国外雾霾防治金融政策举措及启示》，《经济纵横》2016 年第 6 期；EPA，Fact Sheet：Overview of the Clean Power Plan，2015，p. 15.

② EPA，Clean Air Interstate Rule，Acid Rain Program，and Former NOx Budget Trading Program 2011 Progress Report，2015，p. 20.

③ Margaret L. Placier，"The Semantics of State Policy Making：The Case of 'At Risk'，" *Educational Evaluation and Policy Analysis*，1993（11）：380 – 395.

需要按照季度接受审核的。在排污权额度的初始分配方式上，美国在进行《清洁空气法》修正案的讨论中，就曾提出公开拍卖、免费发放和固定价格出售这三种方式。从世界各国政策实践而言，大多倾向于采用公开拍卖的方式。英国与美国相类似，均认为公开拍卖的方式是排污权交易最合适的初始分配方式。英国在工业革命时期伴随着工业的快速发展，由于使用了大量的煤炭而导致空气污染严重。英国政府在经历了13世纪至20世纪50年代“边污染，边治理”的消极政策以后，随着1952年烟雾事件的发生，英国政府及民众都意识到治理空气污染的迫切性。英国于2002年建立了全球首个广泛的温室气体排放权交易体系，体系的运行方式是由英国政府对特定区域内允许排放的污染物制定一个最大的限度额，然后将所有限度额采用排污权额度拍卖的方式卖给市场上出价最高的企业组织。而得到额度的组织还可以与其他组织进行排污权额度的二次买卖。这一体系使得英国政府以较低的成本实现了对污染物的排放控制。同时为了使得排污权交易政策能更规范化地实施，各国均制定了排污权交易的相应法律，以为其提供坚实的法律保障。如1955年英国政府出台《清洁空气法案》，这是世界上第一部有关防治大气污染的法案，其内容比较明确和具体，在政策执行方面也比较简便。① 这一法案的出台为英国排污权交易政策的实施提供了坚实的法律保障。在排污权交易政策的发展趋势上，基于其在环境治理上的显著成效，各国纷纷建立了本国的排污权交易市场。在芝加哥成立了全球首个国内气候交易所之后，加拿大、俄罗斯、日本、澳大利亚等国也相应地建立了本国的排污权交易市场。当前各国排污权交易政策的实践趋势是在完善与建立本国的排污权交易体系的基础上，进一步谋求建立更大范围内跨国跨区域性的全球排污权交易市场。目前国际上已建立起阿姆斯特丹的欧洲气候交易所、德国的欧洲能源交易所、法国的未来电力交易所等国际碳排污权交易市场。②

---

① 布雷恩威廉克拉普：《工业革命以来的英国环境史》，王黎译，中国环境科学出版社2011年版，第43页。

② 周景坤、黎雅婷：《国外雾霾防治金融政策举措及启示》，《经济纵横》2016年第6期。

（二）绿色信贷

绿色信贷（green-credit policy）在外国又被称为环境金融（environmental finance），外国一方面通过贷款扶持和优惠性低利率等给予从事生态保护，发展循环经济或生产治污设备的企业组织倾向性的金融支持；另一方面对从事污染生产的企业组织进行流动资金贷款和新建项目投资贷款的限制，并实施高利率的惩罚性政策措施。其本质是将金融业与环境治理结合起来，引导贷款和资金等社会经济资源实现绿色优化配置，流向促进环保的相关企业，同时也是金融机构参与社会环境责任，获得可持续发展的途径。各国实践证明，从资金来源着手进行环境保护是一项有效措施，因此绿色信贷政策也是世界各国所采用的防治雾霾的重要金融政策之一。绿色信贷政策最早出现于20世纪70年代的联邦德国。20世纪五六十年代，德国为摆脱“二战”后的落后状况，在大力发展经济的同时也导致了环境恶化。因此，针对本国环境问题的突出状况，1974年，联邦德国成立了世界上第一家政策性环保银行。德国作为绿色信贷政策的主要发源国家之一，其政府在积极制定并参与绿色信贷政策上均发挥了重要作用。一方面，德国政府发挥杠杆引导作用，推动本国银行机构参与赤道原则并按原则要求进行金融信贷审批；另一方面，德国政府积极开发绿色信贷产品，通过其政策性银行——德国复兴银行对环保项目进行金融补贴。美国也是绿色信贷政策的发源国家之一，其银行机构是全球最先将环保政策和信贷风险纳入考虑范畴的环境政策银行。为支持绿色信贷政策的实施，自20世纪70年代以来，美国联邦政府十分注重对绿色信贷政策的相关法律保障的制定，为绿色信贷政策在美国的成功实施打下了坚实的基础。例如《1955年大气污染控制法》（Air Pollution Control Act of 1955），《1969年国家环境政策法》（National Environmental Policy Act of 1969）等。除了德美以外，日本也是较早采取绿色信贷政策的国家之一，其政府主要通过对瑞穗实业、三菱东京等采取绿色信贷政策的商业银行实施援助机制，从而鼓励银行机构引导社会经济资源的绿色优化配置。同时日本政府还针对绿色信贷、绿色保险等金融业务制定了良好的法律规范。目前德国、美国、英国、日本等国的绿色信贷政策已较为成熟，形成了相当完善的体系。尽管在绿色信贷政策的发展初期，各国银行机构更多的是通过项目融资、商业建筑贷款、汽车住房贷款等少数的金融产品来实施，但近年来越来越多的银行机构在绿色信贷主营业务机构上，创新了节能技术设备改造贷款、法国开发署（AFD）绿色中间信贷、国际碳（CDM）保理融资、绿色股权融资等创新性的绿色信贷产品和服务体系。目前少数发达国家的银行业已进入不再寻求最高金融回报率，而是寻求可持续性回报率的阶段，使整个经济系统发展到理想的境界。① 2003 年，美国花旗银行、荷兰银行、巴克莱银行、西德意志银行等商业银行采用世界银行的环境保护标准与国际金融公司的社会责任方针，形成了赤道原则，绿色信贷将在各国的环保事业中发挥更重要的作用，并且当前各国金融机构正逐步倾向于采用国际通用标准，以使绿色信贷政策能够覆盖更大范围，加强不同地区不同国家的环境保护。绿色信贷政策也逐渐成为各国雾霾防治，发展低碳经济的金融政策新亮点。②

（三）绿色证券

绿色证券指的是为了克服传统证券业注重短期直接经济利益的弊端，引导证券业相关资金流向能促进环保发展的行业及企业组织，由环保部门对申请首次上市融资前和再融资的上市公司进行环保审核，一方面鼓励扶持从事与环保相关的绿色企业上市融资，另一方面限制重污染企业通过上市获得发展融资，从而实现证券业资金资源的绿色化配置。因此绿色证券是证券业绿色化的一种政策措施，它与绿色信贷、绿色保险等均是绿色金融的重要组成部分。其特点是将环境资源的公共性与证券市场的趋利性通过政府的环境政策干预有效结合起来，用市场手段促使企业组织关注环境保护。20 世纪 90 年代，国际组织一系列关于可持续发展的会议及号召，在全球引发了一场“绿色风暴”。目前绿色证券政策也是世界各国所采用的雾霾防治的主要金融政策之一。

---

① M. Jeucken, *Sustainable Finance and Banking: The Financial Sector and the Future of the Planet*, The Earthscan Publication Ltd., 2001, p. 100.

② 周景坤、黎雅婷：《国外雾霾防治金融政策举措及启示》，《经济纵横》2016 年第 6 期。

绿色证券政策的核心组成部分是环境信息披露制度和环境绩效评估制度。首先，在环境信息披露制度方面，美国的环境会计理论和实践一直处于世界领先地位，因此其环境信息披露制度一直是一项有效的环境保护政策措施。早在 1986 年，美国的《紧急规划和社区知情权利法》（EPCRA）就规定，企业必须每年按照有害化学物排出目录（Toxics Release Inventory）向 EPA 和地方当局报告有害化学物的去向，并公开对公民安全有影响的化学污染物的情报。[①]。针对大量涌现的上市公司，美国环境保护总局（EPA）要求其必须提供年度环境审计报告，美国证券交易委员会（SEC）于 1993 年发布“92 财务告示”（SAB92）更是针对上市公司披露环境信息做出了强制性要求，由美国环保署和证监会联合监督上市公司必须披露每年的环保信息，而对于未按照规定披露环保信息的上市公司将会受到 50 万美元以上的罚款以及媒体曝光等的惩罚。[②] 环境信息主要指的是关于环境保护、污染防止和消除、资源利用以及其他与环境有关事项的财务以及非财务信息。[③] 目前美国的上市公司均已养成通过企业年报、新闻发布会、官方网站等途径公开其环保信息的惯例。除了美国以外，德国、日本、加拿大等国也均对上市公司的环境信息披露制定了强制性要求，如加拿大特许会计师协会（CICA）建立的环境会计实务指南和准则，荷兰环境部的《环境成本与收益的确认及计量方法报告》（1999）。其次，在环境绩效评估制度方面，1989 年挪威率先向全球发布了第一份环境评估报告书，1999 年国际标准化组织公布了环境绩效评估标准，2002 年发布的《可持续发展报告指南》建立了环境指标体系，要求企业将环境业绩与经济、社会等业绩共同纳入企业绩效评估当中。在环境影响评价制度的具体实施上美国则是领先者。美国在《国家环境政策法》（National Environmental Policy Act）中对环境绩效评估制度做出具体的规定，目前美

① EPA，2011 TRI National Analysis，2013-1-20.

② B. Radej，I. Zakotnik，“Environment as a Factor of National Competitiveness in Manufacturing，” *Clean Technologies and Environmental Policy*，2003（10）：257.

③ M. Ali Fekra，David Petron，Carlalnclan，“Corporate Environmental Disclosure：Competitive Disclosure Hypothesis Using 1991 Annual Report Data，” *The International Journal of Accounting*，1996（2）：175 – 19.

国的环境影响评价制度包括环境评估（Environmental Assessments）和环境影响报告（Environmental Impact Statements）两方面。[①] 近年来，各国在实施绿色证券政策过程中创新了多种实践形式，而绿色债券就是其中一种效果较好的形式。绿色债券发行的目的是为支持环境保护及应对气候变化的项目提供融资。国际资本市场协会（ICMA）2014 年发布的《绿色债券原则》（Green Bond Principles）是国际上主流的绿色债券发行标准，它得到国际上多家银行的共同认定与遵循。根据相关统计，截至 2015 年 9 月底，全球共发行了 497 只绿色债券。2014 年绿色债券发行总额为 365.9 亿美元。[②]

（四）环境污染责任保险

早在 20 世纪 60 年代，以美国为首的西方发达国家已开始实施环境污染责任保险政策。环境污染责任保险（Pollution Legal Liability Insurance）通常又被称为“绿色保险”，指的是被保险的排污单位因污染环境或对第三人造成污染损害而依法承担治理和赔偿责任的保险，它主要包括环境污染赔偿责任保险和环境污染治理责任保险两个险种。环境污染通常所牵涉的公共范围广泛，且责任主体界定难度大，因此，世界上各国的环境污染责任保险的特点是政府参与的力度较大，各国政府均通过法律和行政手段来保证环境污染责任保险的实施及推广。与传统的行政管控政策手段不同，环境污染责任保险的优势在于，一方面，在预防环境污染上，既有效地监督企业组织环境保护责任的落实，又从经济利益上激励企业组织降污减排；另一方面在发生环境污染突发事故时，能通过保险公司对环境风险进行精确评价，以最快的速度确保受害方的损失得到赔偿及受污染场地的修复。

从各国的环境污染责任保险模式看，主要分为强制性责任保险和自愿性责任保险。强制性责任保险的典型代表国家有美国、瑞典和德国等。美

① EPA, Environmental Assessments & Environmental Impact Statements, 2013-1, http: //www.epa.gov/reg3esd1/nepa/eis.htm.

② 周景坤、黎雅婷：《国外雾霾防治金融政策举措及启示》，《经济纵横》2016 年第 6 期。

国作为实施环境污染责任保险政策较早的国家之一，开创了在保险业领域发展环境责任险的先河。当前美国拥有专门的保险机构受理环境污染责任保险，同时联邦环保局强制规定相关单位必须对其自身危险物品及其操作可能对他人人身财产构成损害的风险购买保险。美国已形成了完善的环境污染责任保险体系。瑞典的强制性保险则体现在其 1969 年的《环境保护法》中，该法 65 条规定，为赔偿某些受害人的损失，政府指定的机构及其地方政府应当按照规定制定相关环境损害保险政策，相关人员应按照规定缴纳保险金。[①] 德国则成立了专门的环境污染责任保险承保机构，通过将环境污染责任保险与企业组织的财务担保制度相结合来实施强制性保险，要求所有工商业从业经营主体均须购买环境污染责任保险。自愿性责任保险的典型代表国家有英国、法国和日本等。其中日本的环境污染责任保险自愿性最为显著，主要包括应对土壤污染、非法投弃物和加油站漏油污染三类风险。日本政府在相关法律的规定下通过行政建议的方式与企业组织达成自愿性质的污染控制协议。英国本身的保险业市场较为成熟，因此英国政府对环境污染责任保险政策采用非特殊承保机构，即通过财产保险公司实行自愿承保。法国除法律规定的特定高风险企业组织必须投保环境污染责任保险以外，其他企业组织可自愿选择是否投保。尽管在 20 世纪 70 年代之前，法国的环境污染责任保险范围只面向企业组织可能发生的突发性事故进行一般的责任保险，但从 1977 年法国保险公司组成了再保险联营（GARPOL）开始，进一步推出了因单独、反复性或后续性污染事故所引起的环境损害赔偿的污染特别保险险种。尽管英国和法国总体上实行自愿性责任保险，但为保证在一些与社会及公众安全有着重大关系但又存在高风险的关键领域赔偿与治理的及时有效，英法两国也实施强制性保险，因此英法两国的环境污染责任保险是以自愿性为主，强制性为辅。目前环境污染责任保险政策在西方主要发达国家已较为成熟，联合国等相关国际组织也在海洋石油运输、核能、海洋环境保护、工业事故等领域制定相关公约，积极推动环境污染责任保险的推广实施。在今后的发展趋势上，环境污染责任保险政策除了呈现保险范围进一步扩大，保险费率更加

① Sweden Government Offices, http://www.government.se/Government policy/ environment/.

灵活个性化，保险索赔时效延长等特点以外，政府及相关机构参与力度也将进一步加大，并且强制性责任保险措施将得到更广泛的实施，以确保不仅涵盖一般环境污染责任，而且能更有效地应对突发性的重大环境风险问题。[①]

四　外国雾霾防治产业政策

外国雾霾防治产业政策的主要做法集中体现在区域产业规划、产业园区规划、雾霾防治重点领域专项规划三个方面。

（一）区域产业规划

区域产业规划主要是以区域性整体战略为出发点，对区域内在未来一定时期内与雾霾防治相关产业所进行的结构调整、发展布局等的长远规划，使区域内产业实现分布合理的绿色发展，并使其产业发展与土地资源开发、生态环境保护、民生问题、基础设施建设等方面实现协调发展，从而实现雾霾防治这一目标。区域产业规划产生的理论基础之一是新古典贸易理论。新古典贸易理论认为，在市场机制下各区域会根据比较优势进行区域分工，因此自然资源、技术、劳动力等外生资源禀赋决定了产业区位分布，特定产业会在具有比较优势的地区集聚发展。然而，按照这样的分工所发展起来的产业园区往往容易造成单一产业聚集过多，对于特定资源的开采开发过度，所产生的污染废弃物也更容易形成堆积的局面，因此必须由政府通过产业政策对产业区域进行合理规划。

1. 改造升级传统工业区规划

传统工业区最早是19世纪末作为西方工业化国家规划、管理工业开发的一种手段而出现的。工业区的优势在于其能有效降低基础设施成本，并刺激区域经济的快速发展。然而，传统工业区在产生巨大的经济效益的同时，也带来了严重的环境污染问题。以美国为例，美国的传统工业区主要有三个：第一个是美国工业发展最早最大的综合性工业基地东北工业

① 周景坤、黎雅婷：《国外雾霾防治金融政策举措及启示》，《经济纵横》2016年第6期。

区，也是世界著名工业区，主要从事汽车制造、钢铁、化学以及军事工业等，主要由芝加哥、底特律、匹兹堡、波士顿、纽约、费城等城市组成。第二个是“二战”后工业迅速发展，条件优越的南部工业区，这一“阳光地带”主要从事石油、飞机、宇航、电子等工业生产，由亚特兰大、达拉斯、休斯敦、迈阿密等城市组成。第三个是矿产、石油、水能、森林等资源丰富的西部工业区，这一资源“阳光地带”主要从事宇航、电子、飞机制造、汽车、船只等生产，由西雅图、圣弗朗西斯科、洛杉矶等城市组成。美国的三大工业区均是基于自身地区资源条件优势在市场机制下形成的，但却在发展特定工业的过程中产生了严重的环境问题。如洛杉矶市在“二战”期间大力发展飞机制造业、军事工业等现代工业，以及此后石化能源的探采和汽车拥有量的增加，使其成为美国最早陷入空气污染的城市之一。1948 年宾夕法尼亚州的空气污染事件，1955 年洛杉矶光化学烟雾污染事件等相继发生的环境污染事件严重威胁着公众的健康。因此美国政府制定了多项传统工业区发展的战略规划来促进传统工业发展的转型升级和产业布局调整，从而使传统工业得到复兴的同时也实现了对环境问题的有效治理。例如，罗斯福政府为了促使老工业区的经济转型和布局调整，美国国会在 1933 年通过了《麻梭浅滩与田纳西河流域开发法》，使得对于该区域的水资源实现了有序合理开发。随后美国政府依法成立了田纳西河流域管理局。后来美国政府又相继颁布了《地区再开发法》《公共工程与经济发展法》和《阿巴拉契亚区域发展法》等多部法律规划，将原本由于地区资源优势而集中在个别区域的传统工业引导至落后地区发展，一方面有效地促进了落后地区的经济开发，另一方面则使得美国国内的工业空间布局走向更加均衡可持续发展。此外，美国联邦政府还积极采用政府采购作为支持改造传统产业的一种手段。如 2001 年美国政府采购额为 2349 亿美元，其中对于新型产业所研发的产品的采购总额为 266 亿美元。联邦政府的采购对全社会形成了一个良好的示范效应，在很大程度上推动了传统工业的升级改造。

2. 制定产业集群规划

在区域经济一体化和经济全球化的背景下，政府制定区域产业规划来引导产业集群发展已经成为外国普遍存在的一种经济现象。因此不少国家将环境保护产业政策结合到本国培育和扶持产业集群发展中来，培育和扶持产业集群发展被作为一种区域战略付诸实施，以达到提升产业竞争力，解决环保问题乃至区域经济可持续发展的目标。“集群”（cluster）这一概念最先由美国战略管理学家迈克尔·波特在20世纪90年代初期提出。产业集群是指某些特定领域的组织和机构所形成的空间相对集中有序的布局形式。[①] 波特认为，政府在产业集群发展中的作用应该是寻找制约集群发展的因素，并通过一系列产业政策加以引领。长期以来，在产业集群形成过程中对于政府产业政策与市场机制的关系，各国产业集群的实践通常存在“自下而上”和“自上而下”两种模式。“自下而上”模式主要指以市场力量为主，政府并未过多参与所形成的产业集群形式。但由于在环境治理上存在着较强的外溢效应，单靠市场力量的“自下而上”模式往往难以有效实现环保目标，因此多国与环境治理相关的产业集群通常是以政府主导的“自上而下”模式所形成的。具体而言，就是由政府牵头，在与相关企业组织及研究机构协商后，确定该区域的产业规划目标和主导的发展领域，然后逐步通过政策引导组建和发展相应的产业或产业集群，在此模式下政府的产业政策制定与实施发挥着重要作用。在“自上而下”模式的实施中，欧洲国家的力度最大，在欧洲《集群策动白皮书》[②] 的指导下，以丹麦、芬兰、荷兰等为代表的北欧国家进行环境保护治理的产业政策均取得了不俗的成效。其中丹麦既是采用集群概念较早的国家之一，同时也是产业集群政策实践的先驱，它在1989—1990年提出了产业网络协作项目，为几百个带有产业集聚特征的组织提供网络金融服务，取得了产业发展与资源节约的双重效益。随后美国联邦政府以丹麦政府此项目作为蓝本，制定了本国促进中小企业建立网络联系，以实现集群式节约发展的相关政策规划。美国相关研究机构高度强调政府在相关政策实施过程中的重要作用，美国政府在相关报告中提出，各级政府在相关集群政策中可

① M E. Report，“Clusters and the New Economics of Competition，” *Harvard Business Review*，1998（7）：77 -90.

② Ande Rsson，Schwaag Sergers，Srvikj，et al.，“Cluster Policies Whitebook，” International Organization for Knowledge Economy and Enterprise Development，2004：20.

以具有重要的功能，并对各级政府的功能边界进行了划分。[①] 因此在国外经验借鉴及相关研究成果的基础上，从 1990 年开始，美国贸易和产业部投入 2500 万美元，实施了为期三年的产业集群战略规划。政府的规划还起到了对特定地区产业集群的官方认可，从而实现集体营销的作用。例如，亚利桑那州和俄勒冈州政府通过积极参与集群产业的早期规划建设，为本地区产业集群的发展打响了知名度。亚利桑那州政府更是在 1990 年设立集群委员会并召集相关企业加入，使得集群内的企业形成了共同体发展的集体意识。此外，美国在制定集群政策时十分重视公平性，要求产业集群不仅要获得经济效益，也应当产生良好的社会效果，并使所在区域内的民众受益，因此有效地将经济利益与社会环境保护结合了起来。[②] 美国硅谷高新技术产业集群也是美国政府运用区域产业规划实现产业集群的，是推动产业与环保事业共同发展的成功例子。除此以外，英国剑桥科技园、日本筑波科学城也是在政府的规划引导下完成产业聚集的典型代表。1980 年，日本通产省通过了建立高科技科学城的文件，随后通过政府前期进行大规模投资，再吸引高等院校和科研院所进驻科学城，从而带动高科技企业在筑波科学城的聚集。还有许多没有正式出台集群政策的国家，也存在着大量影响产业集群的政策，这些通常都是以区域政策、产业政策、创新政策来实施的。[③] 因此可以说，产业集群政策是世界各国在规划产业发展中的通用政策。

3. 加强环保产业规划建设

雾霾防治只有“预防”和“治理”双管齐下才能更好地实现其目标，因此各国政府的区域规划不仅要求对现有产业进行调整分布来治理雾霾污染问题，而且通过大力扶持环保产业发展来进行预防。以日本为例，日本是全球对公共污染危害限制最严格的国家，日本政府通过相关区域产业规

---

① F. Duane Ackerman，Clusters of Innovation：Regional Foundations of U. S. Competitiveness，Council on Competitiveness，2002：13 – 14.

② John Engler，A Governor's Guide to Cluster-Based Economic Development，National Governors Association of USA，2002：4. 16.

③ Uropean Commission，Design of Cluster Initiatives—An Overview of Policies and Praxisin Europe，2005：100.

划将环保产业集中在关西、九州等地区，尤其是环保产业发展水平最高的关西地区，各企业主体在污染物处理等方面均拥有先进的专利技术，形成了节能、低废的生产流程链条。目前日本已成为环保先进国家，它在部分环保项目的发展上甚至超过了一直处于领先地位的美国。

（二）生态产业园区规划

1. 生态产业园区的产生背景

长期以来，外国存在着产业园区成片规划而造成污染物较多较为集中的问题，因而导致一些工业地区的雾霾污染问题十分突出。积极发展生态产业园区是许多国家政府进行产业与环保相协调发展规划的一个重要手段。外国在制定产业园区规划时纷纷采取建设生态产业园区的方式来应对这一难题。生态产业园区（Eco-Industrial Parks，EIPs）是依据循环经济原理而设计建立的一种新兴工业组织形态，它力求将产业发展与环境保护结合起来。以美国为例，最早在1992年，美国的英迪戈开发组（Indigo Development）就开始研究生态产业园区的构建问题。该研究项目得到了美国政府的大力支持。1994年美国环保署（EPA）与英迪戈开发组签订协议，开展生态产业园区的试点研究，并希望逐步推广生态产业园区。到了1996年，美国就已规划建设17个生态产业园区。在生态产业园区开发的过程中，联邦政府和各州政府部门都予以大力的支持。联邦政府支持国内不同区域之间的信息共享。各州政府则把相关园区的开发工作纳入当地的发展规划中，使园区经济效益得到了明显改善，也减少了环境负担，促进了园区参与者的自主性和推动了园区之间的信息交流。

2. 生态产业园区模式分类

从各国生态产业园区实践上看，生态产业园区可以分为政府服务型和政府主导型两种主要类型。

（1）政府主导型生态产业园区

政府主导型生态产业园区指的是政府部门根据产业发展及环境保护需求所制定的产业工业园区计划，它通过招商引资的方式，主要由政府人员组成。其优势在于通过政府强有力的规划引导，园区各方主体的协调性更好，能在更大程度上实现园区内各企业乃至区域社会的均衡发展，因此它对雾霾问题的防治效果也最为显著。政府主导型生态产业园区的模式有平等共生模式和区域社会共生模式两种。平等共生模式以规模地位相近的中小企业为主，各企业依靠政府的规划协调进行资金、技术、人才等的交流合作，形成循环经济的清洁生产链条，有效地防止污染与废弃物的产生。德国法兰克福赫斯特和加拿大伯恩赛德等产业园是这一模式的典型代表。区域社会共生模式则是在政府产业政策规划的引导下园区的产业在生产过程中减少物质使用量，不让多余的物质进入生产流程，与区域社会共同节约资源和废物资源化再利用，从而实现对环境问题保护的目标。日本的北九州产业园是这一类型的典型代表。日本政府从园区建设开始所做的规划就充分贯彻着环境保护与工业发展相协调的理念，并且政府与研究机构、企业等形成长期密切的合作关系，使园区与所在区域社会实现更好的平衡发展。此外，德国的哥本生态产业园区、美国的哈根伯克利生态产业园等采取的也是这一模式。

（2）政府服务型生态工业园区

政府服务型生态产业园区指的是政府不直接参与园区建设规划，由市场作为主导力量支持园区发展，政府只通过优惠政策措施的引导和构建信息资源平台等方式来支持其发展的一种园区类型。对于政府服务型生态产业园区来说，尽管在其发展过程中政府的介入程度没有政府主导型生态产业园区明显，但政府的产业政策规划在政府服务型生态产业园区的发展中仍然具有非常重要的推动作用。政府服务型生态产业园区的模式有企业主导模式和产业集聚模式两种。企业主导模式主要由单个企业集团根据自身产业结构特征自主设置相关附属企业成员，通过构建自身循环生产链条来实现企业集团内各企业成员之间建立资源共享或废弃物交换的共生关系，从而达到资源利用最大化和废弃物污染最小化的目的。该模式以日本藤泽生态产业园区为典型代表。藤泽生态产业园由私营企业日本荏原公司组建，园区内各企业成员通过绿色高新技术的运用，构成零排放的生态产业链条，有效地实现环境保护。此外，美国杜邦公司生态产业园、德国莱比锡价值产业园等也是该模式的代表园区。产业集聚模式则是指根据某一区域优势资源或者优势产业，由市场机制吸引相关企业集聚，实现能源梯级利用、产品交换和其他产业共同生存的园区类型。该模式以丹麦卡伦堡生态产业园区为典型代表。卡伦堡生态产业园区有效地消除了对环境的污染问题。在该园区发展过程中，丹麦政府的相关政策规划发挥了重要作用。当地政府通过强制实行废弃物申报制度，一方面对污染废弃物实施高额收费制度，另一方面对减少污染排放实施经济激励制度。

（三）雾霾防治重点领域专项规划

由于可再生能源、二氧化碳、节能建筑等方面是雾霾防治的重点相关产业领域，为了更好地取得雾霾防治的成效，除了对一国整体产业进行区域配置和结构调整以外，还需要对雾霾防治相关重点产业实施重点领域专项规划。外国对雾霾防治相关重点产业领域的专项规划主要有以下几个方面。

1. 重点产业领域目标导向政策规划

为了有效扶持与环境治理相关的重点产业领域的绿色发展，欧美国家大多对可再生能源、二氧化碳、节能建筑等制定了目标导向政策规划。以可再生能源为例。基于煤炭、石油、天然气、核能等传统能源的不可再生性和环境高污染性，可再生能源在环境污染治理中的优势不断凸显。同时 Danyel Reiche 等人的相关研究表明，除技术因素和自然条件外，产业政策是影响绿色电力等可再生能源产业发展的关键因素。[①] 目前各国政府均积极实施政策规划，鼓励绿色能源的开发与应用。美国政府从 1998 年开始就以提高本国可再生电力和生物乙醇燃料为目标，2009 年联邦政府更是确立了到 2050 年可再生能源比例达到 25% 的发展目标。[②] 欧盟则提出到 2050 年总能源消耗中的 50 % 来自于可再生能源这一宏伟目标。这些强有力的目标导向政策为美国及欧盟的雾霾防治奠定了重要的基础。

2. 重点产业领域财政补贴和信贷政策规划

财政补贴及信贷政策是国家进行相关产业调控的重要手段。要使得雾霾防治工作更加凸显成效，就应将财政补贴和信贷政策纳入雾霾防治相关

---

① Danyel Reiche, Mischa Bechberger, "Policy Difference in the Promotion of Renewable Energies in the EU Member States," *Energy Policy*, 2004, (32): 843 - 849.

② Energy Efficiency and Renewable Energy, President Obama Calls for Greater Use of Renewable Energy, 16-03-20.

规划体系当中。世界上许多国家在这一方面均不乏成功经验。以生态节能建筑为例。德国是这一领域的领先国家。为了推动节能建筑产业的发展，德国政府通过实施了生态建筑计划和减少 CO_2 排放量的旧房节能改造计划，一方面给新建的节能建筑提供低息贷款，另一方面给既有建筑的节能改造措施及节能减排效果等提供不同额度的低息贷款和补助。① 英国也设立了面向节能设备投资和技术开发项目的贴息、低息贷款或免息贷款，例如，英国政府2002 年2 亿英镑的节能基金中，25%用于贴息贷款，其中1000 万英镑更是面向节能技术项目实行无息贷款。此外，日本、法国等也均有类似的财政政策。

3. 重点产业领域价格激励政策规划

首先，由于政府的产业政策实施对象主要是企业主体，各国政府通常会将产业政策与市场机制结合起来使用，以起到更好的政策效用。例如，法国政府为了使得更多企业主体积极参与到环保产业的生产应用中，自2000 年开始上调可再生能源采购价格，并规定法国电力公司必须按照法定价格向绿色电力的生产商购买清洁能源，以达到对清洁能源供应商的激励作用。其次，大力推行重点产业领域研发的鼓励政策。可再生能源、二氧化碳、节能建筑等雾霾防治重点相关产业领域的发展离不开相关技术的研发，因此多国政府在环保技术研发创新方面给予大力的支持。例如，加拿大政府建立了气候变化基金、伙伴合作基金、研究基金等来促进雾霾防治重点相关产业的发展，其中“环保技术商业化项目”中每年有500 万加元的经费用于支持环境技术的研发与商业化应用。日本也设立了环保相关产业技术研发基金用于支持科研机构、企业等的环保技术研发工作。挪威政府的可持续工业发展计划中，政府支持经费每年达到400 万挪威克朗，清洁技术计划中政府支持经费每年达到1500 万挪威克朗。②

① Emissionshandel, Herausforderungen des Energie-und Klimapakets 2030. https://www.vdi.de/artikel/emissionshandel-herausforderungen-des-energie-und-klimapakets-2030/.

② “Pursuing Sustainable Development in Norway: The Challenge of Living Up To Brundtland at Home,” *European Environment*, 2007 (5): 177 – 188.

五　外国雾霾防治公共服务政策

雾霾是城市和社会发展到一定阶段的产物，由于发达国家的发展进程较中国早，因此出现雾霾现象以及对它的治理也相对较早。外国雾霾防治公共服务政策主要从立法、标准和政策评价三个方面进行。

（一）雾霾防治立法

英国是发生雾霾现象比较早的国家，这与英国高度发达的工业有着很大的关系。20 世纪 50 年代，英国的主要污染源是工业污染，其中以各类工厂煤炭的燃烧所排放的空气污染物最为严重，再加上伦敦独特的地理位置，就酿成了 1952 年的“伦敦大雾”事件。伦敦前期的治理是采用严格立法来遏制工业污染，先后出台了《伦敦城法案》（1954）、《清洁空气法》（1956）、《清洁空气法》的修正（1968）、《控制公害法》（1974）、《环境法》（1995）、《空气质量战略草案》（2001）、《英国能源白皮书》（2007）等多部法律法规，结果达到了进一步改善空气质量的目的（见表 6－3）。

表 6－3　　英国大气污染治理相关立法

年份	主要内容
1954	伦敦城法案
1956	清洁空气法修正
1968	《清洁空气法》
1974	控制公害法
1995	环境法
2001	空气质量战略草案
2007	英国能源白皮书

美国在对保护空气立法的历史进程中，最初对空气的立法主要是针对吸烟问题，后来逐步转向粉煤灰或烟尘。阿勒格尼、洛杉矶以及一些

郡以及联邦和州都对空气进行了立法，在治理过程中发现还应该考虑成本的问题，因为对空气特别是烟尘的治理成本会很高。[①] 20 世纪 50 年代，美国加利福尼亚就治理固体对空气的污染进行了相关立法，当时工业中的固体污染是大气污染的主要来源，虽然立法部门成立了各种机构以抑制排放大气污染物，但仍存在着一些不足。美国主要从以下几个方面着手：第一，在治理固体对大气污染的过程中，立法机构应该减少行政机构的裁量权；第二，在行政机构制定政策的过程中，应该有活跃的、知情的公民参与以保护公众的利益，立法机构应该要求行政机构公布特定的污染者在排污方面的具体数量和质量；第三，扩大对公民的司法救济。在行政机构无法解决的情况下允许公众采取有效的措施。如果给予行政机构广泛的授权，却没有得到强有力的执行，将不能获得治理大气污染的效果。[②]

自2005 年 1 月 1 日起，欧盟对可吸入颗粒物（PM_{10}）上限做出严格限制，明确规定空气中 PM_{10}的年均浓度不得高于 40 微克/米^3，50 微克/米$_3$的日均浓度的天数不得超过 35 天。一旦浓度超标，欧盟成员国就有义务和责任启动其“空气清洁与行动计划”。该计划关于减少可吸入颗粒物的方法主要有：一方面，通过限制气体颗粒物的排放，如管控车辆的速度和出行时间，限制工厂设备的运行等，设立大气污染防治区域。德国就设置了 40 个这样的大气污染防治区域，在此区域只准许环保达标车辆行驶。另一方面，通过多种技术方法来减少大气污染物的排放，如给汽车安装过滤气体微粒的装置。2007 年，德国通过法律的形式来补贴安装气体微粒过滤装置的柴油发动机汽车，并对未安装过滤装置的车辆征收附加费。

“二战”后，日本进入了经济高速增长期，随着钢铁、汽车、电力行业的大力发展，对煤炭的需求日益增多，产生了日益严峻的大气污染问题。1949 年，东京出台了《东京都工厂公害防止条例》。1969 年，东京实

---

① Frederick S. Mallette, “Legislation on Air Pollution,” *Public Health Reports* (1896 – 1970), 1956 (11): 1069 – 1074.

② Ellyn Adrienne Hershman, “California Legislation on Air Contaminant Emissions from Stationary Sources,” *California Law Review*, 1970 (11): 1474 – 1498.

施了大气污染防止法和烟尘限制法等法律法规，并完善了相关配套制度措施，使大气污染物的排放达到了预期目标。1970 年，东京都成立公害局。1994 年后相继出台了《减少汽车氮氧化物总排放量的特殊措施法》《环境基本法》《东京都环境基本条例》等，大气污染的法律体系日益完善。东京“大气污染”诉讼案促进了当地方政府部门对 $PM_{2.5}$ 的立法。2000 年 12 月，东京都就完善了相关法律的实施措施，对于 $PM_{2.5}$ 达不到排放要求的车辆禁止上路。2002 年 12 月，在首都圈 7 个县市长会议上，决定尽快安装有利于减少大气污染的过滤装置，设置相关部门专门处理大气污染事情等。鉴于汽车尾气已成为最主要的大气污染源，日本 2002 年出台了《新东京都环境基本计划》，2006 年出台了《东京都新战略进程》，2007 年出台了《东京都大气变化对策方针》等（如表 6－4 所示）。

表 6－4　**日本大气污染治理相关立法及条例**

年份	主要内容
1949	东京都工厂公害防止条例
1949—1969	烟尘限制法和大气污染防止法等
1969	东京都公害控制条例等
1994	东京都环境基本条例、减少汽车氮氧化物总排放量的特殊措施法、环境基本法等

为应对环境污染问题，国际上运用得较多且较为成熟的两大对策是“庇古解”和“科斯解”。其中在“庇古税”的理论推导下，发展中国家多青睐对环保税立法。

（二）雾霾防治标准

加利福尼亚是美国汽车尾气排放标准制定的先行者。在这方面，它可以说是美国相关政策制定的核心。在加利福尼亚州汽车尾气排放标准制定的历史中，这个领域的政策分析者在解释减少大气污染的过程中主要关注的群体是官员、科学家、雾霾防治专家和利益团体的竞争。在减少大气污染排放的过程中还应该关注商业精英，因为这一群体的财富不断增加，且正在构成当地消费者的基础。[①] 1997 年 7 月，美国环保署提出将 $PM_{2.5}$排放标准作为全国大气污染控制要求之一，2006 年修改了相关大气污染排放标准——主要是加进了 24 小时大气污染监测措施，并公布当日的 $PM_{2.5}$数据等信息。美国的《清洁空气法》规定，公众能够对 $PM_{2.5}$的排放情况进行动态监督。2008 年 4 月，欧盟颁布了环境空气质量指令规定，$PM_{2.5}$的排放成员国须在 2010 年的基础上，到 2020 年平均降低 20%，要求从 2010 年起 $PM_{2.5}$应控制在 25 微克/立方米以下，从 2015 年起各成员国都要强制执行这一标准。各级政府先后对公共交通工具、私家车和工厂的大气污染排放进行整治。意大利米兰市规定，在工作日的 7—19 时，大气污染排放严重的汽车必须缴纳大气污染税才能进入市区，而罗马规定在特定时间里只有大气污染排放合格的车辆才能上街行驶等。日本政府和部门进行了诉讼，结果导致更为严格的大气污染排放法案的出台。2009 年日本环境省公布了 $PM_{2.5}$环境标准，$PM_{2.5}$标准为年均值达到 15 微克/立方米以下，日均值达到 35 微克/立方米以下。日本环境省对 $PM_{2.5}$等污染状况进行监测，并 24 小时发布相关信息。

（三）雾霾防治政策评价

在制定空气质量标准时，是否利用人口研究的数据作为依据是评价制定标准的重要尺度。在对空气质量标准做最终的决定时，还应该考虑其他的社会因素和政治因素等方面。[②] 在 1990 年之前，美国规定排放废烟废气的工厂要安装脱硫洗涤器，降低操作清洁装置的成本以减少对空气的污染，并没有通过技术来有效地改善环境。1990 年，美国颁布了《清洁空气法》，规定通过市场对二氧化硫的使用进行配置。通过对美国专利数据的定量研究，发现该法案颁布之后促进了技术的创新。相比之下，1990

① George A. Gonzalez, "Urban Growth and the Politics of Air Pollution: The Establishment of California's Automobile Emission Standards," *Polity*, 2002 (12): 213 - 236.

② Michael David Lebowitz, "Utilization of Data from Human Population Studies for Setting Air Quality Standards: Evaluation of Important Issues," *Environmental Health Perspectives*, 1983 (10): 193 - 205.

年之后的创新更能提高脱硫洗涤塔去除二氧化硫的效率。① 气候变化管理的框架可以用于对政策的评价。这个框架被设计成有足够的弹性用于探索一系列有争议问题的选择性方案，诸如成本、赔偿、价值和贴现等。在仅仅运用成本—收益来解决气候问题很难达成一致共识的情况下，这个框架可以作为一个研究工具，对气候中的争议问题哪个更重要可以提供深入的见解（该框架见图6－1）。另外，对生态的破坏应该引起更高度的重视，因此传统的防治方法需被重新检视。

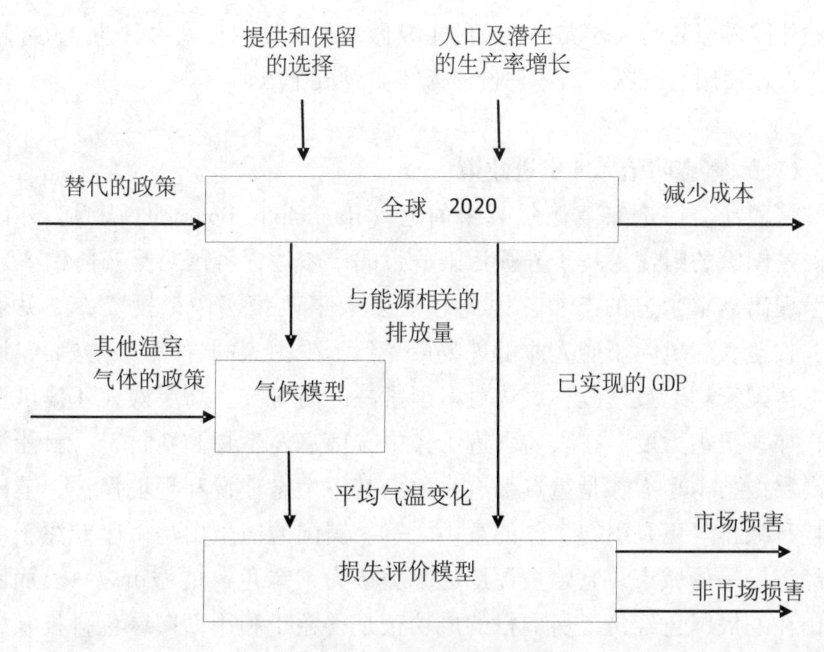

图6－1　气候变化管理框架

资料来源：Alan Manne, Robert Mendelsohn, Richard Richels, "A Model for Evaluating Regional and Global Effects of GHG Reduction Policies," *Energy Policy*, 2013（10）：18.

1998年之前，欧盟对环境政策尤其是大气污染政策的评价主要从风险评价和成本—收益分析的角度进行，并且取得了很大的进展。但是少有

① David Popp, "Pollution Control Innovations and the Clean Air Act of 1990," *Policy Analysis and Management*, 2003（10）：641－660.

对政策执行后的效率进行量化评价的，对政策的制定和整个环境政策很少运用系统评价技术。欧洲委员会对欧盟条约的修订选择这种形式的环境评价可以减少规制和监管的成本，这种评价除了考虑成本—收益分析方法外，还需考虑政治因素等。[①] 在政策评价过程当中，还可以使用双回路学习而不是单回路学习路径，同时考虑知识和时间的局限性。[②]

六　外国雾霾防治人才支持政策

外国雾霾防治人才支持政策的主要做法集中体现在人才引进、人才培养、人才使用与配置、人才评价、人才激励五个方面。

（一）雾霾防治人才引进政策

美国社会评论家兰德尔菲·伯尼（Randolphe Bourne）认为，外国移民是国家的财富。基于雾霾污染危害的严峻性，各国对雾霾防治人才都呈现出需求紧迫的态势。因此在众多人事政策当中，投资少、见效快、收益大、风险小的人才引进政策受到不少国家的青睐。一方面，许多发达国家均通过修改移民法对本国紧缺的高科技、高层次人才提供便利，加大引进力度。在人才引进工作中，信息、生物和新材料、新能源的高层次技术型人才是重点引进对象，其中生态建设和环境保护、节能降耗和减排等更是引智工作的重中之重。美国的旧金山是一座专注于绿色经济发展的城市，它曾被评选为北美最为“绿色”的城市之一。而旧金山在发展绿色经济上所取得的成功正是得益于利用面向绿色科技领域的人才引进政策，大力推动绿色产业人才的市场应用。在美国的职业移民政策中，职业移民对象中有三类优先对象。第一类是具有特殊技能的外国人和杰出的研究人员等；第二类是具有高学位和特殊商业能力的人

---

① David, W. Pearce, “Environmental Appraisal and Environmental Policy in the European Union,” *Environmental and Resource Economics*, 1998 (3): 489-501.

② Jerry M. Melillo and Ellis B. Cowling, “Reactive Nitrogen and Public Policies for Environmental Protection,” *Optimizing Nitrogen Management in Food and Energy Productions, and Environmental Change*, 2002 (3): 150 - 158.

才等；第三类是有两年以上工作经验的技术人才等。[1] 此外，美国的 H－1B 政策还允许美国的企业使用高技术短缺人才为美国工作 3—6 年的时间。在雾霾防治人才引进政策中比较成功的另一个典型就是欧盟。[2] 2009 年，欧盟认为，在将来的20 年里，欧盟需要2000 多万的专业人才和技术工人，尤其迫切需要工程、电脑技术、绿色高新科技等方面的人才。[3] 因此，在借鉴美国“绿卡”制度的基础上，欧盟 27 个成员国正式通过了旨在吸引外国高技术人才的“蓝卡”计划。该计划是一种面向欧盟紧缺领域高技术人才发放的有效期为 1—4 年的工作和居留许可证，而绿色环保产业人才正是这一计划所面向的对象之一。另一方面，部分国家在当前世界应对雾霾防治中寻求新的发展机会，以推动本国经济在新形势下获得发展先机，因此在一些特定的新兴产业人才引进力度上也采取了相当积极的政策措施。以新加坡为例。新加坡政府预期，亚洲人口会从 2002 年的 32 亿增加到 2050 年的 56 亿，与此同时，基于雾霾等各类污染对于人类健康的威胁，高质量的医疗服务将呈现出巨大的需求趋势，新加坡政府把生物医药产业列为推动经济发展的新引擎和制造业的第四大支柱，因此与雾霾污染相关的医疗服务人才也成为新加坡政府的重点引进对象。2000 年，新加坡开始建设举世闻名的生物医药研究园，2008 年新加坡政府成立了名为“联系新加坡”的机构，专门负责吸引全球人才的工作。目前已吸引大批世界级的科学家回国或者到新加坡工作，为雾霾污染医疗事业做出了显著的贡献。

（二）雾霾防治人才培养政策

在应对雾霾污染的艰巨工作中，引进高层次高技能人才固然重要，但如何激发本土人才的智慧，培养更多新鲜“血液”才是雾霾防治人才支持的关键。为了有效应对相关雾霾防治人才需求量大且技术技能要求高的现状，各国都通过多种途径积极培养本土的雾霾防治人才。各国对于本土

---

① 毛黎：《美国：成功的人才引进政策》，《国际人才交流》2009 年第 3 期。

② EU, The Blue Card Impasse, http: //www. europeanunionbluecard. com/.

③ BBC, “EU Blue Card to Target Skilled,” http: //news. bbc. co. uk/2/hi/europe/7057575. stm.

人才培养的实践一般是从建立完善的教育体系和建立良好的职业资格体系两个方面着手的。首先，各国均将学校教育作为培养人才的重点领域。雾霾防治需要大批应用技能型的人才，因此人才的技能型教育是各国在培养雾霾防治相关人才时的重点工作。以英国为例。英国确立了技能立国战略，因此，英国政府出台了大量相关政策法规以推动技能型人才的教育培养。英国1964年的《产业训练法》，2002年的《21世纪的技能：发挥我们的潜力》要求英国的人才必须具备适应就业和实现自我价值的技能。[①]为了进一步加强人才的实用技能，2008年，英国政府制定了世界一流学徒制的宏伟目标。一方面通过分层次的培养模式有针对性地培养人才；另一方面采用边学边做的教学模式，在为期4—5年的学徒期中，只有第一年是全脱产学习，其余时间均需要在生产部门中通过实践来学习。目前，英国40%的青年人接受了学徒制培训，这为环保、生态、节能减排、新能源等领域培养了大批实用技能型人才。其次，外国对职业资格培训体系进行规范管理，例如，新加坡的劳动技能资格证书体系（WSQ），澳大利亚的资格框架（AQF）及其培训机构TAFE学院等。此外，在雾霾防治人才的职业资格制度实践上值得一提的国家还有日本。为了培养足够的本土环保人才，日本政府在2011年决定设立二氧化碳排放管理这一职业，将废气减排专长提升为国家认证资格。这一职业的资格认证制度具体是通过日本内阁的“职业实践提升战略”部门所制定的环保管理专业国家鉴定考试制度实施的。整个考试制度一共分为七个等级：第一个等级是考核节能理论常识；第二和第三个等级则是考核企业内部草拟节能、减排企划案的能力和素质；第四至第六个等级考核的是可被企业派遣到外部执行节能减排复杂任务的专业等级能力知识，而最高等级第七级则考核是否具有到海外进行节能减排工作的专业能力。因此能够取得最高等级职业资格的人员是公认的“环球CO_2经理”。

---

① 21_{ST} Century Skills, Realising Our Potential—The Skills Strategy, White Paper, http: // www. dfes. gov. uk skillsstrategy. background. shtml.

（三）雾霾防治人才使用与配置政策

总体而言，各国在雾霾防治人才的使用与配置上遵循的是“人岗相适”和“人尽其才”的原则。一方面，各国积极通过市场与政府相结合的方式实现“人岗相适”。以美国为例，美国市场化人才机制的主要特点是由市场来决定行业的人才配置，包括行业人才需求的数量和标准，并且能培育比较完备的人才资源开发中介服务体系和人才价值评价市场。面对雾霾防治相关的环保市场的蓬勃发展，美国政府充分利用环保市场对人才的吸引力度来实现市场在人才资源配置中的基础性作用。由市场作为主体来决定雾霾防治相关的行业中人才的流动与数量。但环保等产业通常带有溢出效应，因此单纯靠市场力量来决定雾霾防治人才的配置可能会存在滞后性，还需要政府的积极引导干预。基于这一特点，美国政府在尊重市场配置作用的基础上还通过制定积极有效的市场政策，来促进雾霾防治相关产业实现人才的集聚，与市场形成既制约又服务的互动关系。例如，国际能源署发布的《2013 世界能源展望报告》（World Energy Outlook 2013）数据显示，国际能源署预计全球节能投资规模会成倍增长，全球节能装备产业会迅猛发展。[①] 作为世界上最大的环保技术生产和消费国，美国将节能环保视为新能源战略的核心内容。为推动新能源产业的蓬勃发展，加大相应产业对人才的吸引力度，2009 年美国联邦政府宣布将在未来 10 年内对清洁能源投资 1500 亿美元。同时美国联邦政府还大幅增加风能、地热能和太阳能、可再生能源等的产量，力争使美国在 2035 年 80% 的电力源自于清洁的可再生能源。此外，区域产业规划也是美国联邦政府推动产业人才集聚而采取的有力措施。为了支持高新科技代替传统落后的污染产业的生产，美国政府通过区域产业规划来实现硅谷高新技术产业集群，吸引了大量高新技术人才的集聚。美国硅谷就是美国政府运用产业政策来推动产业与环保事业共同发展的成功例子。美国有效地实现了雾霾防治相关产业人才的优化配置。另一方面，各国积极创造良好的环境条件来推动“人尽其才”。以日本为例。长期以来，终身雇佣制在日本占有十分重要

---

① IEA-WEO-2013. http：//www. worldenergyoutlook. org/weo2013/.

的位置，但是这一制度也呈现出越来越多的弊端，如由于存在论资排辈的现象而导致无法激发年轻人才工作的积极性等。因此近年来日本政府为了打破传统雇佣制的弊端，创新人才使用机制，出台了一系列新政策。近年来，日本许多部门和企业推行了特别研究员制度和公开招聘的方法，首先通过平等公开的招聘方式给拔尖的科研人员创造良好的从业机会，尤其注重选拔和培养一批年龄在25—32岁的青年拔尖人才；其次，日本为特别研究员提供优良的科研环境和先进的实验室设备，提高人才的使用效率。[①] 此外，日本的企业管理普遍实行集体决策制度，参与式管理极大地提高了人才的工作积极性。

（四）雾霾防治人才评价政策

人才评价指的是一定的评价主体按照科学的方法及指标体系，对相关人力资源的工作绩效进行综合评鉴。在雾霾防治人才队伍当中，节能减排、新能源、生态经济等领域都需要大批的科技型人才。各国雾霾防治人才评价政策可以从评价主客体和评价标准体系两个方面来进行归纳。一方面，从评价主客体来看，评价主体是对雾霾防治人才实现评价活动的实施者。根据评价活动目标的不同，雾霾防治人才评价主体可以包括政府、企业和研究机构等。而评价主体来源的多样性也在一定程度上保证了对人才评价的全面性与公正性。以美国为例。美国主要靠法律手段对人才评价和管理市场进行调节和规范。在美国政府系统中有从事雾霾防治人才管理的相关部门、企业、研究机构和基金，如美国能源部下属的费米实验室（FNAL）和美国国立卫生研究院等科研机构都专门设有评聘专家组或专家委员会，负责科研人员的晋升考核，注重听取外部同行专家的意见，形成动态机制，激发科研人才的科研精神。尤其是针对青年科研人才，在评价时更加注重质量，鼓励他们创新。对于人才评价客体而言，评价应不仅包括雾霾防治相关从业人员的资质、业绩成果，还应包括其未来发展的潜质及其成果在将来的应用、推广、预测，以避免对一些从事研发、实施周

① Sahai Shikha，A. K. Srivastava，"Goal/Target Setting and Performance Assessment as Tool for Talent Management，" *Procedia-Social and Behavioral Sciences*，2012（37）：241-246.

期较长的特殊雾霾防治项目成果的人才形成不科学的评价。另一方面，从人才评价指标体系来看，各国的人才评价指标体系基本上按照雾霾防治各行业的特点有针对性地建立，同时会根据各国的国情进行适度调整。例如，由于美国各州的机构设置都是由州政府决定的，这样就形成了美国评价主体多元化的格局，每州都有其人才评价机构。①

（五）雾霾防治人才激励政策

良好的政策支撑和人才发展环境是激励人才积极开展工作的关键因素。雾霾防治工作要取得实质成效，就不仅要引进和培养人才，而且要有效激发人才的工作积极性。在各国实践当中，不少西方国家已经探索出了一些较为成熟的人才激励政策。激励政策一般包括物质激励与非物质激励两个方面。一方面，在物质激励上，各国对于人才的物质奖励是十分优厚的。以美国为例，美国的环保市场发展较快，其中一个重要的因素就是美国建立了成熟的人才激励政策。在美国，如果个人从事已经商业化的研发活动，其投入同样可以享受20%的退税。另一方面，各国在注重物质激励以外，还十分注重采用多样化的非物质措施来有效激励人才。如高职位、高工资和自由的科学研究环境，对人才形成了十分有力的吸引。日本政府提出，增强研究机构和高校的创新能力，并将其创新活动所带来的收益部分返还。②

七　外国雾霾防治技术政策

技术是治理雾霾的核心要素之一。有力的技术支持会使雾霾污染问题的解决更加容易。外国的雾霾防治技术政策自成体系，各国形成了各具特色的政策体系。本书以雾霾防治的技术引进、消化，知识产权，专利保护，技术的转化以及转移政策为分析框架，较为全面地分析外国雾霾防治技术政策的主要做法和成功经验。

---

① 涂崇民：《中美科技人力资源评价比较研究》，硕士学位论文，北京化工大学，2011年。
② 田华：《基于知识溢出的区域性大学发展研究》，硕士学位论文，浙江大学，2010年。

（一）技术引进、消化政策

美国的技术引进以及消化政策配套有完善的法律制度、操作规范以及转化流程。日本积极引进外国的雾霾先进技术并予以消化，只要能减少与国外技术的差距或能够保持技术的领先水平，就不会拘泥于是本国的还是国外的技术。针对引进的每一种新技术，日本都会花较大的力量进行消化，并吸收为己有，从而提高本国技术的水平。这具体体现在这样几个方面：第一，以技术引进来提高相关产业生产效率，采用一定比例的资金投入方式来引进技术并实现技术的革新，这样可以为日本的工业提供较高的收益，同时减少对国外技术设备的进口，节约了大笔的资金。第二，引进先进的技术以弥补本国的薄弱环节，进行技术革新，发展本土技术。日本坚持进行对国外先进技术的研究与再吸收，例如，日本完善了锅炉中未燃废气的回收方法，并向西方发达国家出口。第三，学习引进的技术以构建强有力的技术队伍。通过布局技术人员学习外国的先进技术，从中培训一支能够快速学习、消化先进技术的人才，为本国的技术创新打造一支重要的技术队伍。

（二）知识产权保护政策

知识产权是保护专利和技术的重要保障。欧盟非常重视对技术创新的知识产权保护，1997 年制定了《欧洲共同体专利和专利体系绿皮书》，并要求各成员国严格遵守。各成员国为配合欧盟的计划，出台了很多具体的政策举措以保证绿皮书条款的落实。美国建立了一整套完整的知识产权法律系统，它包括美国专利法、美国商标法、美国版权法和美国反不正当竞争法，为知识产权提供了体制保证。美国对大气污染防治的专利申请范围广泛，对申请对象的限制极少，提高了国民对大气防治自主创新的积极性，最大限度地保护技术创新的利益。

（三）专利保护政策

为了加快环境保护的步伐，更快地使雾霾防治相关专利能够获得运用，一些国家成立了快速审查通道项目计划。这些国家有英国、澳大利亚、韩国、日本、美国等。英国是较早采用“绿色通道”来积极应对气候变化的国家。2009 年，英国知识产权局启动对环境友好型技术的专利申请优先项目计划。该项目要求在 8 个月之内给出是否授予申请专利权的决定，如果走一般的程序则需要 32 个月，这比一般程序快 24 个月。该项目自实施以来受理的专利申请中 1/3 来自节能减排领域，大概只有 2% 的申请因不能显示环境效益而被撤回。美国于 2009 年 12 月开始执行绿色科技先导计划，该计划历经两次修改后延长至 2011 年底。[①] 其目的是促进绿色技术的发展。通过加快审查程序，与环保相关的更多的发明将被赋予特殊的地位和获得更快的审查，绿色科技先导计划加快了绿色技术的开发和应用。韩国也对申请二氧化碳减排的专利实施快速审查的制度。根据韩国知识产权局的数据，由于 2001—2007 年韩国在这方面的专利申请增加了 44.2%，韩国为此修改了《专利法》。修改后的法律规定，温室气体减排以及减少环境污染的专利申请项目，将在 1 个月内审查，并将于 4 个月内公布结果，而之前是 3 个月的审查期和 6 个月的公布期。[②]

美国在雾霾的治理过程中，形成了“官”“产”“学”的协作机制，政府重点培育雾霾防治技术创新的企业、重点产业组织、研究所或者大学，形成研究、生产、消费的合作机制。同时，充分发挥政府在其中的协调作用，通过共享机制的设计来提高技术的转化率，制定宏观的政策并进行宏观管理，在企业、科研院所、高等院校、金融机构、科技中介机构、政府部门等主体之间构建一个完善的技术共享的协调“联动”系统。国家科学基金会在其中起到了举足轻重的作用，与雾霾防治相关技术的管理、治理和规制是这个基金会的职能之一，它还对相关政策的执行效果进行评估，并致力于提高政策的执行效果。[③] 日本善于将分散的力量集结起来建立研究所，产业技术综合研究所就是将分散于高等院校以及科研机构

---

① Eric Lane, “USPTOs Green Patent Program: Stuck in Neutral,” *Greentech Enterprise*, 2010 (4), pp. 212 - 234.

② 中国保护知识产权网，2009 年 8 月 26 日，http: //www. lawtime. cn/info/zhuanli/zlnews/2011050659386. html.

③ M. Granger Morgan, “Upgrading Policy Analysis: The NSF Role,” *Science*, New Series, 1983 (12): 1187.

的研究人员汇聚起来，建立研发实施部门和研发支援部门。东京大学与其他研究机构联合共建项目计划，形成“学”“研”结合的自主创新机制。

（四）技术转移、转化政策

美国完善了雾霾技术转移以及转化政策，构建了成熟的体系，该体系包括健全的法律法规、创新的环境，对技术的开发权属、授权、分配以及使用、机构、激励举措都做了具体的规定。1980年，美国制定了《专利和商标法修正案》，之后又出台了《史蒂文森—威德勒技术创新法》。这两项法案的制定和执行为美国的技术成果转化提供了法律基础。前者规范了专利制度，把技术开发成果的所有权从政府转移到与政府签订合同或授权协议的高校、科研机构和中小企业中。后者对技术开发和转移所需要的政策支持提出明确的要求。[①] 该法案规定，预算超过2000万美元的研究室必须建立专门的技术成果办公室以服务于技术转移，在预算方面规定，应将科研机构的研发预算中不少于0.5%的资金用于技术转移工作，为技术转移提供了机构以及经费基础。同时，美国政府还制定了小企业创新发展法、联邦技术转移法、竞争技术转移法、美国技术卓越法、技术转移促进法、技术转移商业化法等法律对技术转移、转化做了全面的规定。

随着技术转让的概念日趋复杂，它的内涵由线性模型转变为创新的网络模型，参与主体多样化，企业和大学一起合作的方式增加了。[②] 美国的大学专利技术转让活动空前活跃，政府制定了有利于技术转让的政策，大学对自身的发明有首要选择权，学校与发明者一起分享专利的收益，对收益的使用具有灵活的可支配权，也可以选择技术转让的被许可人。为了有利于专利技术的转让，学校建立了相关的制度与机构，对技术开发的整体预算有着明文规定，包括对研发费用、奖励费用、专利费用的使用以及比

① Diane Rahm, Barry Bozeman, Michael Crow, “Domestic Technology Transfer and Competitiveness: An Empirical Assessment of Roles of University and Governmental R&D Laboratories,” *Public Administration Review*, 1988 (11 - 12), pp. 969 - 978.

② Georg Krücken, Frank Meier, Andre Müller, “Information, Cooperation, and the Blurring of Boundaries: Technology Transfer in German and American Discourses,” *Higher Education*, 2007 (6): 675 - 696.

例都做出明确的要求，同时对技术转让的授权公司、授权时间都通过协议的方式进行了规定。

同时，美国大学的众多研究机构都在发展技术转移项目，在技术转让从实验室向市场转化的过程中，大学的办事处应根据需要而扩建，新的组织机构也因此建立，其中参加研发项目的企业应向大学的实验室提供资金支持。[1] 制度环境、国内的利益集团、政治文化也是影响技术转移的重要因素。[2]

① Gary Rhoades, Sheila Slaughter, "Professors, Administrators, and Patents: The Negotiation of Technology Transfer," *Sociology of Education*, 1991 (4): 65 - 77.

② Martha Caldwell Harris, "Public Policy and Technology Transfer: A View from the United States," *Mexican Studies*, 1986 (7): 299 - 316.

第七章　中国雾霾防治政策的优化策略

本书通过梳理中国雾霾防治政策的发展演进过程，阐述国外雾霾防治政策的主要做法和成功经验，对中国雾霾防治政策绩效的测评及其影响因素和影响机理加以分析，对雾霾防治政策需求进行实证调查，探究了中国雾霾防治政策的优化策略。

一　雾霾防治财政政策的优化策略

雾霾防治财政政策改革会受到多种因素的影响，这些因素包括政治环境、法律环境和文化环境等。虽然没有一个简单的蓝本可以适用所有国家，但仍然有一些普遍的政策措施：

第一，补贴改革适用于很多国家，在很多企业里，特别是与雾霾防治相关的产品生产商中，国有企业所获得的补贴经常是很高的。

第二，补贴用户收费同样适用很多国家，特别是与雾霾防治相关产品的供应。

第三，排污费适用于中等收入的发展中国家，因为这些国家的污染主要来自工业活动，且已经成为一个不可忽视的问题。同样，对财政收入的管理也非常重要。为了使与环境相关的财政改革得以顺利开展，需要考虑财政改革是否具有可接受性。这时要考虑有些因素是否会影响改革的顺利进行，这需要从政治的视角进行分析，要对政治环境、改革中的赢家和输家、关键的利益相关者和他们的利益、贫困和弱势群体、富裕家庭、个人、公民社会、政治家、政府的行政机构及其他国际因素进行分析。[①] 通过梳理发达国家雾霾防治的财政政策，得出具有借鉴意义的主要做法和成功经验，提出中国雾霾防治财政政策改革的几个方面。[②]

（一）加大对雾霾防治的财政投入

从国际环境治理的经验来看，对环境保护的资金投入占 GDP 的1%—1.5%时，能够对急剧恶化的环境问题进行控制，而若要实现改善环境质量的目标，对环境的资金投入要达到 GDP 2%—3%的比重。从发达国家的成功经验里可以看出，在防治雾霾的过程中各国的资金投入量是很大的，大气污染的解决需要庞大的资金支持。发达国家在20世纪六七十年代进行环境治理时，资金投入占 GDP 的平均水平接近2%，其中美国的投入比重为2%，日本为2%—3%，欧洲一些国家也接近2%。[③] 中国应从以下几个方面开展工作。[④]

1. 增加雾霾防治的财政预算

中国应该转变发展观念，为雾霾防治设置财政预算，在每年的财政预算中加入雾霾防治的资金计划，而且这个预算还要根据当年的雾霾防治情况不断增加。雾霾防治问题已经是我们不得不面对的问题了，其防治的财政预算不能只靠中央，各级地方政府也要根据本地区的雾霾情况和财政收入来设置治理雾霾的财政预算，对于经济落后而且雾霾问题又比较严重的地区，可以向中央财政提前申请用于第二年雾霾治理的财政预算资金。[⑤]

2. 加大财政资金的投入

提高雾霾防治支出在财政预算中的比重，是治理雾霾的基础条件。具体做法可以从中央和地方层面的财政预算中拨出资金，或者建立雾霾防治专项基金。就像中国注重发展教育事业一样，环境问题现在也是同等重要的，它关系着整个国家的发展，中国每年对于教育的投入已占 GDP 总量

---

① The International Bank for Reconstruction and Development/The World Bank, Environmental Fiscal Reform—What Should Be Done and How to Achieve It, 2005.

② 周景坤、黄洁：《国外雾霾防治财政政策及启示》，《经济纵横》2015 年第6 期。

③ 世界银行1997 年度报告，1997 年。

④ 周景坤、黄洁：《国外雾霾防治财政政策及启示》，《经济纵横》2015 年第6 期。

⑤ 同上。

的4%，而环境治理的资金投入在国民生产总值中所占的比例却低于发达国家的平均水平，虽然中国是发展中国家，但是中国的雾霾问题已比一些发达国家的更加严重，因此国家要增加对雾霾防治的财政投入，将雾霾防治的财政资金投入逐步增加到占GDP总量的3%。[①]

3. 建立稳定长效的财政投入机制

除了政府的财政预算外，还可以鼓励企业、社会、金融等多渠道的资金投入，支持其他融资方式的运用，例如，可以寻求资本市场的加入，在金融服务方面扩大对雾霾防治问题的关注与扶持，接受国际上对雾霾防治问题的资助等。[②]

（二）完善财政补贴政策

Ronald Steenblik认为，对补贴政策的运用利大于弊。他支持给予多个行业以补贴，并且支持采取多样化的补贴方式。[③]

1. 扩大补贴对象的范围

补贴的对象可以分为对企业、居民、科研项目的补贴。中国雾霾防治的补贴对象主要集中在企业，对居民与科研项目的补贴较少，这和企业是雾霾产生的主要来源有关。但是要全面治理雾霾问题，从根本上减少雾霾天气的发生，还需要加大对居民和科研项目等方面的财政补贴。另外要改变固有思维，尽量减少“补贴会降低市场在资源配置中的效率”的扭曲思想，在进行财政纵向补贴的同时，引入财政横向补贴制度。雾霾问题已涉及全国，它已不再是过去的地区问题，因此在财政补贴上不能仅靠中央财政对地方政府进行纵向的补贴，各地区之间也要进行适当的横向补贴。中国地方的雾霾问题主要是由两个大的污染源所造成的：一个是本地区所产生的污染，另一个是从其他地区扩散过来的。国家应该鼓励经济发达地区对周边的欠发达地区进行财政的横向补贴，将补贴款直接发放给邻近地区用于治理污染的企业，减少邻近地区污染物对本地区的扩散，并结合中

① 周景坤、黄洁：《国外雾霾防治财政政策及启示》，《经济纵横》2015年第6期。

② 同上。

③ Ludger Schuknecht, “Fiscal Policy Cycles and Public Expenditure in Developing Countries,” *Public Choice*, Vol. 102, No. 1/2 (2000): 115 – 130.

央和上级政府所给予的纵向补贴，充分发挥财政补贴的作用。[①]

2. 明确补贴对象

明确补贴对象，防止随意补贴事件的发生，制定补贴金额的统一执行标准，设置重点补贴对象，将补贴的各项执行内容进行具体化，使得在补贴过程中有章可循。同时，对于补贴金额和补贴对象要透明化，补贴对象要将其所获得的实际补贴金额与政府发布的补贴金额进行公示，防治弄虚作假现象的发生，而且企业还要将其所获得的补贴款的具体用途，及其使用后所达到的效果进行公示，以接受相关部门和人民的监督，对于治理效果比较差的企业要进行问责。当然，各级政府要根据财政情况进行合理的财政补贴，对于雾霾的治理最好是扩大财政补贴的范围和力度，不断增加财政补贴的金额。同时，对于不同的污染源要进行区别补贴，促进中国产业结构的更新换代，提高资源利用效率，减少污染物的排放。[②]

3. 优化补贴供给方式

财政补贴的方式主要有实物补贴、现金补贴、财政贴息。目前中国实行的主要是现金补贴，因此可以适当加强其他补贴方式的作用，如对企业与雾霾防治相关的投资项目所利用的银行贷款可以给予财政贴息，对企业提供的与雾霾防治相关的设备、技术培训与信息等方面进行实物补贴。对税收优惠和现金补贴方式的运用，由于缺乏对资金用途的监管，因此需要加强对补贴项目的审计和评价。对于领取财政支持但仍不达标的企业，应该收回先前所给予的补贴，同时给予一定的经济惩罚。[③]

4. 加大对与雾霾防治相关的科研项目的补贴

中国对雾霾防治的研究主要由国家的科研机构和高校的相关专业研究机构担当。雾霾防治作为这几年突出的环境问题，对其研究的深度和广度有待提高，雾霾的治理不是一蹴而就的事情，需要长时间的研究经费投入，因此社会资本很少涉足这些领域。对这些机构的补贴可以采取增加研

① 周景坤、黄洁:《国外雾霾防治财政政策及启示》,《经济纵横》2015 年第 6 期。

② 同上。

③ 同上。

究经费，培养更多的科研人才，更新和研发科研设备，建立稳定和持续的长效激励机制等形式，这样才能在雾霾的治理研究中有所成就。[①]

（三）增加对雾霾防治产品的政府采购

中国的政府采购法于2003年开始正式实施，政府采购进入有法可依的时期。由于采购法执行的时间短，很多条款并没有细化，执行的效果有待提高。因此建议以法规或行政条例的方式出台专门的政府雾霾防治采购条例，以确保对雾霾防治产品政府采购的实施，从根本上减少产生雾霾的污染源。政府是公共服务和产品的提供者，它的公共行为会对社会产生影响，同时对社会的消费趋势和方向能起到一定的引导作用。因此，政府加强对雾霾防治产品的政府采购，能推动整个社会中企业和消费者对与雾霾防治相关产品的重视和使用。[②]

1. 加大对雾霾防治产品的政府采购力度

政府作为中国雾霾防治产品采购的主体，对于引导大众消费，倡导绿色节能具有很好的模范带头作用。在当前环境下，政府更应强化意识，更新观念，增加雾霾防治产品的政府采购预算，扩大对于环保产品的采购范围，增加对其采购的种类和数额。规范政府采购机制，对于采购的代理商以及采购部门进行监督检查，坚决杜绝只关注价格，不关注产品性能的不理智采购行为。与此同时，要建立绿色产品政府采购网，收纳全国各地需要采购的绿色产品的种类、数量，面向全球公开招标，对于采购中所遇到的各类问题统一由中央政府进行协调。简化政府采购机制，大力引进外国绿色产品的生产技术，并组织人力开展研发适用于本土的绿色产品，并与有实力的企业进行合作，鼓励有资金有技术的企业研发生产环保产品，增加政府对其产品的采购，使得绿色产品普通化、平民化，让环保深入人心。[③]

---

① 周景坤、黄洁：《国外雾霾防治财政政策及启示》，《经济纵横》2015年第6期。
② 同上。
③ 同上。

2. 完善政府采购机制

政府采购要力求实现经济效益、社会效益和环境效益，即综合效益的最大化。完善的政府采购机制有利于这一目标的实现。首先，对政府采购招标进行正确的引导，同时在执行的过程当中要加以有效管理和监督；其次，政府各个部门各司其职，对政府采购的政策制定，实施过程、分析和评价、监督进行统筹，相互沟通；再次，实施集中采购的招标模式；最后，建立审查和仲裁机构。①

3. 扩大与雾霾防治相关产品在政府采购中的比例

在政府采购中对与雾霾防治相关的技术进行定向采购，且集中于雾霾防治效率高的产品。另外，加强对资源再利用产品的定向采购，以支持资源的重新利用，促进循环经济的发展。②

（四）建立健全雾霾防治相关基金

欧美各国采用建立专项资金的方式解决雾霾问题，除了把资金用于对雾霾的防治外，还可以把资金用于刺激企业或个人自觉实施大气污染治理。

1. 建立区域性的雾霾防治基金

由于雾霾的污染跨越国别、省份和地区，在对雾霾进行治理时可以考虑建立区域性的雾霾防治机构，进而形成区域性的雾霾防治基金，对同一性质、同一污染源的雾霾防治进行重点集中治理。③

2. 建立专项公益基金

社会、企业和个人也是雾霾防治的主体，不仅鼓励社会、企业和个人减少制造雾霾的行为，还可以支持这些主体成立专项公益基金，并且明确和公开对公益基金的使用，有效发挥公益基金对雾霾的防治作用。④

3. 设立雾霾防治的专项基金

环境治理需要大量的资金投入，因此雾霾防治的专项基金应由中央政

① 周景坤、黄洁：《国外雾霾防治财政政策及启示》，《经济纵横》2015 年第 6 期。
② 同上。
③ 同上。
④ 同上。

府带头设立，以环境污染税和中央财政作为资金来源，并积极吸收民间资本的注入，增加专项基金的投资金额，拓宽融资渠道，减轻中央财政的压力，共担风险。面向全球公开招聘有实力的非营利组织团队按照商业模式经营，并由政府组建第三方对该基金运营的整个过程进行监督。除中央政府之外，各地方政府也可根据本地区的污染情况，针对污染比较严重的问题，结合本地区的实际情况设置专项基金，用于污染的治理。此外，为了兼顾中央和地方的专项基金，应鼓励有条件和有资金的地方政府设置用于雾霾治理的区域专项基金，协调各方，实现资源的有效整合。与此同时，支持有实力的企业设置规模较小的专项基金用于环境治理和保护，但要严格按照政府的规定进行运营，并接受公众的监督。对于具体的专项基金的设置，根据中国的情况，可以设置用于减少二氧化碳、二氧化硫等污染物排放的“碳基金”“硫基金”等，各个地方具体的专项基金可以根据各个地区的污染物排放来进行设置。但是专项基金设置也不宜过多，避免盲目跟风，要根据实际情况进行设置，不然会适得其反。[①]

4. 建立雾霾防治担保基金

可以学习法国的经验，由政府的相关部门和银行成立雾霾防治担保基金，有针对性地对从事雾霾防治投资的企业给予贷款担保，并且在利息上给予优惠，激励企业提高使用效率。同时，制定相关的法律法规和制度给予保障。[②]

（五）健全科研资助体系

对于中国不太完善的科研资助体系，政府有必要加强科研方面的改革力度，减少科研资源的浪费，提高效率，充分发挥雾霾防治在科研资助方面的财政作用。首先要有前瞻性的眼光，做好战略性布局，统筹各种科研资源，理清各部门的研究方向，减少各部门在任务设置、专家队伍等方面的交叉重叠，避免不必要的资源浪费，提高雾霾防治方面的科研效率，减少财政的重复性投入；其次要设立信息交流平台，各部门应相互加强各自

① 周景坤、黄洁：《国外雾霾防治财政政策及启示》，《经济纵横》2015 年第 6 期。

② 同上。

研究阶段和成果的交流，加强人员的相互合作和交流，增加信息的透明度，公开各部门在项目立项、执行进展、研究成果等方面的信息，使得彼此的研究成果可以相互借鉴，相互利用，实现数据共享，打好大气污染综合治理攻坚战、持久战的基础。再次科研工作要贴近实际，不能与实际需求相脱节，环境污染治理是一项长期的工作，雾霾的科研工作必须联系实际，多设置与大气污染防治密切相关的研究课题，减少那些好高骛远、不切实际的空泛研究，打好基础研究工作，明确研究目的，多从用户需求和成果应用的角度来设置研究项目，增强政府的公信力，提高科研成果在实际运用中的效能。不断完善中国在环境治理方面的科研资助研究体系，充分发挥财政的作用，做好长期治理雾霾的准备。①

二　雾霾防治税收政策的优化策略

减少或消除雾霾天气，从根本上说，要将预防和治理相结合，即尽可能地减少污染源以及削减主要污染物排放。从预防和治本的角度看，雾霾的重点在于减少污染源，提高能源的效率。同时，通过税收政策调整企业和个人的行为以减少对环境的污染。通过研究外国雾霾防治的经验，这里对未来的税收政策提出以下建议。

（一）尽快开征有关大气污染的环境税

关于环境税的开征，Juergen G. B. Ackhaus 认为，对于发展中国家，增加环境税收在政策工具中的作用，需要注意税收制度须简单易行，法律体系要反映经济发展的现状，即符合现有的经济发展水平和制定详细的法律体系，以适应其国家经济活动的多样性。在开征有关废气污染的环境税方面要做好如下几个方面工作：首先要加快对排污费改税的改革。将主要污染物的排污费改为环境税征收种类，其税率制定原则上应根据治理的成本进行核算，适当设置环境税的税率，以激励企业进行技术的改造以及设备的更新，减少污染的排放。其次可以开征二氧化硫税、二氧化碳税、氮

① 周景坤、黄洁：《国外雾霾防治财政政策及启示》，《经济纵横》2015 年第 6 期。

氧化物税。纳税主体包括直接向自然环境排放污染物的自然人和所有单位。以污染物的排放量为征税依据，根据环境治理的边际成本对税率进行合理调整，适当提高对环境污染影响较大的污染物的税率，对不同地区、不同行业、污染程度不同的企业实行差别税率。最后将环境税收入加以归属。由于现在排污治理收费约90%都给地方政府，因此把大部分环境税留给地方政府有利于政策的连续性，而且会减少地方的阻力。另外，环境的治理责任主要在地方政府，因此应该赋予其相关的财政收入渠道。同时，由于有些环境问题是区域性的，中央也应该占有一定的收入分成。整合小税种以形成综合性的税收种类，防止管理和执行成本过高。

（二）完善其他税收政策

对消费税进行科学的再设计和合理的调整，对于高档消费品要征收高于平均的税率，特别是对一些给环境造成压力的产品应提高其税负。对现有的资源税进行优化。首先是扩大征收的范围，对环境造成污染的非矿藏品资源的开采应适当征收一定的税负，提高开采的成本，刺激企业提高资源的开采效率；其次调整资源税的税率。中国的资源税税率与西方国家的税率相比偏低，不利于对资源的有效开发和高效利用，因此可以适当提高其税率；最后是税基面。相对而言增值税的税基宽，覆盖面广，可以把生产过程中污染大气环境的产品、行为以及消费过程中对大气环境造成污染的产品都纳入课税范围，根据污染程度设置差别税率。①

（三）优化现有税收内容

优化现有税收内容可以从这样几个方面开展工作：首先是对一些给环境造成压力的产品提高税负，比如大排量的汽车，带有明显奢侈品特征的私人游艇、私人飞机等。其次是深化现有资源税。一是扩大相关税收的征税范围，可将煤炭等纳入其中，由从量计征改为从价计征等；二是提高资源税税率，可以参考英国、俄罗斯和美国的税率。②

① 周景坤、杜磊：《国外雾霾防治税收政策及启示》，《理论学刊》2015年第12期。

② 同上。

（四）加快实施税收优惠、减免、差别税率政策

税收优惠、减免、差别税率政策可以用于鼓励煤炭资源向天然气等清洁能源的过渡，促使企业脱硫技术的改进和设备的更换，鼓励节能汽车的开发和使用等。①

1. 降低税率或免税

对清洁能源和环境友好产品实行低税率或免税；对新建的节能住宅、高效建筑设备等实行减免税收政策；对能源企业提供减税政策，鼓励石油、天然气、煤气和电力企业采取节能、环保措施，如利用生物发电可以获得税收抵免等。②

2. 差别税率政策

比如对含铅汽油与无铅汽油、低硫与高硫柴油使用差别税率；进一步细化小汽车消费税率，对小排量节能环保的汽车与普通汽车、大排量汽车征收差别税等。③

3. 整合小税种

整合小税种形成综合性的税收种类，以防止管理和执行成本过高。Don Fullerton 指出，虽然美国征收环境税的目的是要获得一笔解决污染问题的资金，但他认为，在税种繁多且税率低下的情况下，产生的管理成本和执行成本会远远超出税收收入，反而违背了初衷。④

（五）加快推进排污费改税的进度

将所有主要污染物的排污费改为环境税征收种类，其税率制定原则上应根据治理的成本进行核算，应适当设置环境税的税率，以激励企业进行技术改造以及设备更新，减少污染。⑤

---

① 周景坤、黄洁：《国外雾霾防治财政政策及启示》，《经济纵横》2015 年第 6 期。
② 同上。
③ 同上。
④ 转引自周景坤、杜磊《国外雾霾防治税收政策及启示》，《理论学刊》2015 年第 12 期。
⑤ 同上。

三　雾霾防治金融政策的优化策略

（一）完善与雾霾防治相关的金融政策体系

首先，完善与雾霾防治相关的金融政策。要明确规定市场主体的责任，规范市场行为，使雾霾治理工作有章可依，扫除雾霾防治金融政策的执行障碍。其次，建立雾霾防治信息发布平台，实现相关信息的及时共享。各部门、各机构之间应通力合作，构建雾霾防治信息发布平台，实现信息的及时沟通和交流。保证相关信息的准确性、及时性、全面性，并建立雾霾防治信息数据库和企业大气污染防治档案。雾霾防治部门与金融机构之间尤其需要建立信息实时沟通机制，以提高信息的有用性。最后，建立科学的雾霾防治金融政策评价体系。完整的评价体系需要覆盖政策执行的全过程，而不能只关注政策最后的执行结果。需要根据实际情况，设计科学的评价方案，不断提高评价人员的相关素质能力，保证评价结果的有效性。坚持公平、公正、公开的原则，保证相关部门评价工作落实到位。①

（二）建立完善的雾霾防治金融市场

金融市场是雾霾防治金融政策有效运行的场所，金融政策对于雾霾防治有效性的发挥必须建立在完善的金融市场基础之上，因此应大力完善金融市场，尤其应积极推动雾霾防治相关金融新兴市场的发展。首先应明确雾霾防治金融市场参与主体的界定。例如在排污权交易参与主体的界定上，德国等一些国家采取只有通过政府审核的企业主体才能参与的措施，而美国等国家则更强调市场的充分性，要求全体企业均参与；在绿色证券参与主体的界定上，一些国家单纯通过商业银行来开展，而一些国家则在商业银行的基础上不断加强政策性银行的参与程度。因此，中国应根据国情在借鉴各国经验的基础上创新雾霾防治金融市场参与主体的界定方式与

① 周景坤、黎雅婷：《国外雾霾防治金融政策举措及启示》，《经济纵横》2016 年第 6 期；杨奔、林艳：《我国雾霾防治的金融政策研究》，《经济纵横》2015 年第 12 期。

制度，使更多的合法主体及有效资金参与到雾霾防治金融市场当中。其次应充分保障雾霾防治金融市场各方主体的合理权利及义务。为了激励更多的市场主体积极参与到雾霾防治金融市场的发展中，政府应有效保障各方主体的合法权利，提供法律和行政等多方面的支持。但同时也要明确市场主体各方的应有义务，维护雾霾防治金融市场的稳健运行。以绿色证券为例。上市公司的环保核查制度曾是中国绿色证券政策体系的核心组成部分，但由于其存在后期监管不力，过度干预市场自由性等弊端，中国在2014年取消了对上市公司的环保核查制度，但并不意味着可以放松对上市公司的环保监管，相反，应更加注重对上市公司环保的日常监管，明确上市公司在获得雾霾防治金融市场的正当权利外，必须履行配合有关部门日常环保监管的义务。最后应加快建立结构合理的雾霾防治金融体系。优化雾霾防治金融市场结构体系，重点调整绿色货币市场、绿色资本市场、绿色外汇市场等。例如，在国际金融市场上，碳交易市场呈现出蓬勃发展之势，西方发达国家均力争获得碳金融市场的先机。针对中国仍未建立起完善的雾霾防治金融市场这一现实，中国应加快建立统一的碳交易市场，构建碳交易货币，培育雾霾防治中介服务市场，并发展形成一系列与雾霾防治相关的金融创新产品，如银行信贷、绿色基金、碳排放期权期货、直接投资融资以及碳衍生理财产品等，围绕碳减排权建立符合国情的碳金融体系。①

（三）加大雾霾防治金融政策实施的监管力度

加大雾霾防治金融政策实施的监管力度。首先，中国应加强对企业大气污染行为及相关项目风险的监管力度，发现问题后及时向相关部门和机构反映情况，并督促其采取相应措施，约束企业的大气污染行为；其次，将环保标准作为企业上市的审核标准之一，严禁污染企业上市融资。对于确有大气污染行为且较为严重的上市公司，监管部门需对相关情况进行及时核实和公布，限制其进一步的融资行为，并向市场给出投资建议；再

① 周景坤、黎雅婷：《国外雾霾防治金融政策举措及启示》，《经济纵横》2016年第6期；杨奔、林艳：《我国雾霾防治的金融政策研究》，《经济纵横》2015年第12期。

次，对贷款企业及相关项目的大气污染风险进行严格审核，对于确实存在问题的企业不予信贷支持，以此约束企业的日常经营行为；最后，严格相关机构自身的监督机制，设计科学有效的监管流程和方法，明确职责和任务，以此规范相关人员的行为。[①]

（四）集中解决雾霾防治风险投资发展的瓶颈

除拓宽雾霾防治风险投资渠道，完善雾霾防治风险投资市场环境，健全相关法律法规，出台相关政策以支持和鼓励民间资本参与雾霾防治风险投资项目外，应重点解决雾霾防治风险投资发展的两个关键瓶颈。首先，加快培养、积极引进与雾霾防治风险投资相关的高级专业人才。针对雾霾防治风险投资的风险较大、专业性较强的特征，加快培养和积极引进全面的高素质投资人才，以保证相关管理和技术问题能够得到及时、有效解决，突破雾霾防治风险投资发展的人才瓶颈。其次，严格规范雾霾防治风险投资评价机构。由于雾霾防治风险投资的高风险性，客观上要求必须严格规范雾霾防治风险投资评价机构的行为，以保证其切实履行职责，从而突破雾霾防治风险投资的风险评价瓶颈。最后，通过引导建立绿色投资理念，使企业和公众充分认识到雾霾风险投资项目的潜在经济效益和巨大社会效益，以此提高各参与方的认识程度及对风险评价机构的关注度，为雾霾防治风险投资营造良好的发展氛围。[②]

（五）更好地发挥绿色信贷的引导作用

建立合理的信贷机制，制定规范化、标准化的信贷体系流程，提高雾霾防治信贷政策和绿色信贷的有效性。银行内部应成立专业化的信贷团队，在企业申请绿色信贷时，必须对企业及相应贷款项目进行充分、准确的调查研究和系统评价，保证绿色信贷的正确流向；对贷款后的资金使用进行动态跟踪，确保发放的贷款使用于相关贷款项目；充分掌握企业的环

① 杨奔、林艳：《我国雾霾防治的金融政策研究》，《经济纵横》2015 年第 12 期。

② 杨奔、林艳：《我国雾霾防治的金融政策研究》，《经济纵横》2015 年第 12 期；俞海：《绿色投资：以结构调整促进节能减排的关键》，《环境经济》2009 年第 1 期。

境风险及相关管理情况，并将其作为企业绿色信贷资质审批标准之一，以防止企业环境管理流于形式，提高企业对大气污染问题的重视程度。同时，制定有效的激励机制，促进银行信贷人员工作效率的提升。鼓励银行开发多种形式的雾霾防治金融衍生品及绿色金融创新产品，丰富绿色金融产品结构，以此更好地发挥金融在雾霾防治方面的引导作用。对雾霾防治方面做出突出贡献的企业给予降低贷款利率等信贷支持，倡导企业切实做到节能减排，推动雾霾防治工作的全面展开。①

（六）建构 PPP 雾霾防治产业基金

中国雾霾防治面临资金和技术的双重阻碍，因而导致雾霾防治金融政策的制定与执行均存在较多困难。对此，可建构 PPP（公私合作）雾霾防治产业基金，以此解决资金缺口问题。以政府信用为保障构建的 PPP 雾霾防治产业基金，可汇集政府、企业、个人等多方资金，形成规模巨大的资金池，能够在很大程度上解决雾霾防治所面临的资金缺口问题。②PPP 雾霾防治产业基金可通过多种形式，向雾霾防治各相关领域提供融资支持，从而有效降低企业的资金压力和投资风险，提升企业参与雾霾防治的主动性，以及雾霾防治金融政策的影响范围和力度。③

（七）灵活应用金融政策组合

通过借鉴国外相关经验可知，金融政策在雾霾防治工作中是一项行之有效的举措，然而，各种金融政策在雾霾防治上有其优势的同时，也存在着无法绝对避免的弊端，例如，排污权交易政策作用的充分发挥有赖于其市场是完全竞争的，并且市场参与主体各方的实力相当；绿色信贷政策风险高、短期回报低使商业银行缺乏实施动力，且需要以商业银行建立绿色经营理念为前提等。而金融市场高杠杆交易、中外货币政策分化所引致的

① 杨奔、林艳：《我国雾霾防治的金融政策研究》，《经济纵横》2015 年第 12 期；王珉：《我国银行业视角下的绿色信贷——对环保金融化的思考》，《中国商界》2010 年第 2 期。

② 蓝虹、任子平：《建构以 PPP 环保产业基金为基础的绿色金融创新体系》，《环境保护》2015 年第 8 期。

③ 杨奔、林艳：《我国雾霾防治的金融政策研究》，《经济纵横》2015 年第 12 期。

跨境资本流动变化、企业低盈利高负债等各类潜在的金融风险因素也在积聚。因此，纵观各国在雾霾防治金融政策的运用上均是采用政策组合的形式，以弥补单一金融政策的不足，内外兼顾以防范化解金融风险。中国在运用雾霾防治金融诸政策时也应善用政策组合拳，加快建立针对雾霾防治的绿色金融政策体系。例如，绿色信贷政策在践行低碳经济发展模式中与排污权交易政策组合而成的排污权抵押贷款，排污权交易政策与绿色证券政策组合而成的排污权证券化，以及将绿色信贷向绿色证券升级等。为更好地使各类雾霾防治金融政策优势互补，应加快建立雾霾防治金融政策的区域联控机制，将排污权交易、绿色信贷、绿色证券和环境污染责任保险等政策有效组合起来，推进区域性大气污染联防联控。例如，加快构建绿色信贷与环境污染责任保险的联动机制，一方面使得环境污染责任保险的风险防控和社会管理机制的优势在雾霾防治金融市场经济条件下能与银行绿色信贷的推行相结合，另一方面银行绿色信贷对企业主体投融资的有效约束优势又能促进环境污染责任保险的进一步强制推广。[①]

四　雾霾防治产业政策的优化策略

（一）加快中国雾霾防治区域产业规划的升级改造工作

中国同样存在着由于自然资源、地理环境等条件所形成的传统工业区，例如东北老工业基地。这些基地曾经推动了中国经济的快速发展，然而，其高污染高耗能的生产方式也给中国带来了严重的环境污染问题，如东北老工业基地、河北和天津工业基地等传统工业区落后的发展方式是中国雾霾问题形成的重要原因之一。因此要解决中国的雾霾污染问题，首先需要对传统工业区域实施升级和改造工作。一方面，政府在制定工业区发展规划布局时应充分考虑环保因素，避免一味为了经济利益而出现单一工业群体集中的现象，同时利用雾霾防治区域产业规划引导环保产业链的相关企业形成新型的产业集群；另一方面，积极鼓励传统工业的升级改造，例如借鉴美国针对其制造业升级而正在实施的国家制造创新网络 NNMI

① 杨奔、林艳：《我国雾霾防治的金融政策研究》，《经济纵横》2015 年第 12 期。

（National Network Manufacturing Innovation）战略。[1] 同时结合中国国情的需要，继续实施国家“去产能化”政策，寻求对传统生产设备及产品进行转型和升级的方法。其次，基于政府行为在全社会中所具有的示范作用，可以借鉴美国等国家的经验，利用政府采购推动传统产业的升级改造，因此应在各地政府的区域产业规划中加入政府采购的相关内容，加快形成既保持产业稳健发展又能有效预防环境污染的新型工业基地。

（二）加大对环保产业的扶持力度

结合国外经验可以看出，环保产业的起步需要强大的政策引导，它对国家政策引导有着很强的依赖性，只有其发展到一定规模后，经济效益才会逐步显现出来。根据德国联邦环保部的统计预测，德国的可再生能源产业到2020年所创造的就业岗位可达31万个，到2030年环保产业的产值更是可以达到万亿欧元级别。[2] 然而，这些国家与地区的环保产业在起步初期同样离不开政府的大力扶持。中国也已在2010年将环保产业定为战略新兴产业，中国的环保产业也是由政府引导发展起来的，并且仍处于起步阶段，因此要使得环保产业更好地成长，就必须加大政府的相关扶持力度。首先中国政府应加强在环保产业中的主导作用，通过政府优先采购绿色环保产品，设立政府内专职环保产业扶持部门，提供环保基础设施平台等为环保产业的起步发展保驾护航；其次政府应建立环保产业的投入产出的合理引导机制，以最大限度地引导激励各产业主体积极参与环保产业的发展，例如，积极推进环保税费改革，出台有利于环保产业发展的投融资政策等；最后政府应积极鼓励环保技术创新，通过引导高等院校等科研机构与环保企业组织合作，加强环保技术成果的研发及其推广应用。

（三）积极发展多种类型的生态产业园区

国外的实践经验表明，将经济增长建立在环境保护和资源高效利用基

---

① T. H. Tietenberg，*Emissions Trading*：*Principles and Practice*，Washington，D. C.：Resources for the Future，2006，p. 145.

② National Network for Manufacturing Innovation（NNMI），http：//www. manufacturing. gov/nnmi/2016-03-01.

础上的生态产业园区是雾霾防治的有效途径之一。中国应积极发展符合当地特色的生态产业园区，并且借鉴国外生态产业园区建设的经验，灵活地发挥政府在其中的政策引导作用。在政府主导型的生态产业园区中，政府应充分发挥其自身的主导作用，充分利用多种产业政策有效地将企业、高等院校、科研机构甚至是当地社会组织吸引到园区建设的共同主体中来，并准确把握园区发展的绿色方向。对于政府服务型生态产业园区，政府也应积极组织公共环境基础设施建设，提供信息平台、污染综合治理与监督等方面的服务，努力为园区的建设与发展提供重要的服务作用。同时为了避免中国一些生态园区在建设过程中所出现的重建设轻发展的现象，政府应充分发挥园区发展的扶持与监督作用。在园区的公共环境基础设施建设与运营上，也可以采取将部分政府权力转移至企业组织的市场运作方式。

（四）加快制定雾霾防治重点领域专项规划

尽管雾霾污染的成因具有多因性和区域分散性，雾霾防治工作所涉及的产业领域较为庞大，然而在众多产业中，可再生能源、二氧化碳、节能建筑等方面是防治雾霾污染的重点有效领域。因此中国可以借鉴国外相关经验，针对这类雾霾防治重点领域加快制定专项规划。首先，加快对雾霾防治的重点产业领域实施目标导向政策规划。通过国家对重点领域确立短、中、长期发展规划，设定合理的发展目标以明确这些领域发展的方向，达到通过政策规划鼓励重点领域的绿色技术开发与应用的目的。其次，加快对雾霾防治的重点产业领域实施财政补贴及信贷政策规划。中国应当针对重点领域的相关产业，有针对性地运用财政补贴及信贷政策，一方面支持重点领域产业环保新技术的研发与应用，另一方面促使重点领域的落后生产方式实现顺利淘汰。最后，加快对雾霾防治的重点产业领域实施价格激励政策规划。充分运用市场这只“看不见的手”与政府这只“看得见的手”，把市场机制作用与政府的产业政策规划结合起来，加大对可再生能源、二氧化碳、节能建筑等雾霾防治重点相关产业领域的技术研发与推广应用支持力度。

五　雾霾防治公共服务政策的优化策略

中国要走出“头痛医头，脚痛医脚”的治理思路，不仅要找到造成雾霾天气的直接原因，还需要通过雾霾防治的立法、标准和政策评价等探索优化方案。

（一）尽快完善中国雾霾防治的相关法律法规体系

西方发达国家在解决环境特别是雾霾问题时，都会制定门类齐全，同时具有很强操作性的法规，根据雾霾防治相应的法律制度，出台相关法律制度的强制性执行办法。

1. 完善金融业的法制体系建设

完善的金融业法律制度能为雾霾防治金融政策的实施及其金融市场的发展提供有力的保障。西方国家的雾霾防治金融政策能取得良好的成效且持续稳健发展，在很大程度上得益于其相应的法律法规体系的完善。例如最具代表性的国家——美国。美国在1969年就通过了具有里程碑意义的《全国环境政策法》（NEPA），其后针对环保金融领域制定了一系列的法律法规，如1976年颁布的《资源保护和赔偿法》（RCRA），1980年颁布的《广泛环境反应、赔偿和责任法》（CERCLA），1990年的《清洁空气法》修正案等。因此中国要实现环保效益和经济效益双赢，法律支持是必不可缺的关键因素。首先，应推进雾霾防治金融业法律制度的完善。尽管中国近年来围绕环境保护制定、出台以及修改、完善了相关法律法规，但这些法律法规绝大部分属于规章以下的文件，法律效力普遍较低，内容也多为“软性”约束，并且针对雾霾防治的相关法规仍相当不足。因此中国应加快金融领域中的相关环保立法，完成环保法的修订，制定一系列雾霾防治的金融法律法规体系，使雾霾防治金融政策有法可依。其次，健全雾霾防治金融政策实施机制。在充分运用市场这只看不见的手来激励市场各方主体践行金融政策的同时，政府还应在法律法规层面制定针对违反金融政策的相关主体予以惩罚的措施，将市场的自由激励与政府的法律强制结合起来，保障雾霾防治金融政策能够落到实处。例如，美国就建立了排污报告制度，对于未执行排污报告的违法组织及个人制定了明确的惩处规定。再次，推进雾霾防治金融政策持续改进机制。为使雾霾防治金融政策能适应不同地区的基本状况，应在国家宏观政策的基础上结合各省的气候状况与经济水平，因地制宜地调整各项金融政策。最后国家应成立专门的雾霾防治金融政策监管机构，联合银行、证监会等组织机构对不同时期中国经济所出现的新情况与新机遇适时改进各项金融政策，以保证政策对于雾霾治理的有效性。①

2. 加强雾霾防治产业规划法律体系建设

雾霾防治产业规划法律体系是雾霾防治产业政策制定与实施的有力保障，只有通过完善的雾霾防治产业发展法律体系，才能使得产业政策更好地发挥对雾霾防治的引导和调控作用。雾霾防治产业政策取得良好成效的国家无一不建立了完善的相关法律体系。在多国雾霾防治法律体系的建立中美国是一个典型的代表国家。早在1955年，美国就出台了第一部空气污染治理法案《空气污染控制法》，随后于1963年制定了最重要的空气污染控制法案《清洁空气法》，以后又对其进行了三次修改完善，逐步提高该法执行标准的强度。为进一步促使二氧化碳减排，2005年，美国联邦政府又颁布了《国家能源政策法》，随后于2009年签署了主要针对新能源的《美国复苏与再投资法案》。一系列法律措施的出台使得美国的雾霾防治产业政策得到了有力的支持。意大利也是针对环境保护建立了较完善的法律体系的国家之一。仅仅针对大气保护这一领域，意大利就出台了众多的法律措施。1986年设立意大利环境部，确立环境保护的基本方针与准则，1988年出台《大气污染法》及《限制氟利昂使用法》，1993年出台《臭氧层保护法》，1996年出台了《大气清洁法》。作为发展中国家，中国面临着加快建设社会主义现代化的艰巨任务，然而，相关环保法律体系的不完善及其执行的不力极易导致中国走上西方国家先污染后治理的老路。因此面对中国发展形势，既要保持经济平稳快速发展，又要通过法律法规的完善有效治理环境污染。中国应根据国情，从立法、执法、司法三个层面多管齐下，充分发挥法律体系对于雾霾防治产业政策的保障作

① 周景坤、黎雅婷：《国外雾霾防治金融政策举措及启示》，《经济纵横》2016年第6期。

用。

3. 健全雾霾防治财税等法律体系建设

雾霾现象是这几年来中国出现得比较严重的环境问题，因此，中国政府应该及时出台相应的法律法规来适应社会经济的发展变化。2006 年，中国出台了《可再生能源发展专项资金管理暂行办法》，同时财政部已经设立了可再生能源发展专项资金。由此看出，中国已经通过调拨中央财政预算的方式支持可再生能源的研发和推广应用，但还没有关于相关雾霾防治的行政法规和办法，因此，可以借鉴其他国家关于环境问题的法律、行政法规体系，建立完善的有关雾霾防治财政、税收、人才和技术等的法律法规体系。①

（二）有效整合立法权、行政权、司法权和公众力量

立法权、行政权、司法权这三种权力的相对独立对雾霾法律法规及政策的有效执行起到了相互制约、平衡的作用。要充分调动公众监督环境污染事件的积极性，应扩大相关社会组织参与公益诉讼。对符合要求的诉讼，相关机构应该受理，但相关社会组织不得以此谋利；要充分调动公众的积极性，使其参与法律法规及政策的制定、执行、监督，给予公众更多的权利和透明性。

（三）构建雾霾防治的区域联防联控机制

处理好地区之间的雾霾污染问题是中国解决雾霾污染问题的一个难点。跨界污染问题所面对的困难主要有：其一，跨界污染很难界定污染源是什么以及它们之间是怎样互相影响的；其二，在污染源各地区之间很难达成成本和效益一致的协议，而这对是否能达成措施或协议至关重要。面对这些问题，只有签署协议才能共同治理跨地区的大气污染问题。在规制确立的过程中有几个难题：第一，当雾霾污染源来自其他地区时，受污染的地区在动机上是没有意愿去增加地区内治理雾霾成本的；第二，被污染的地区对其他地区面临着管辖权的问题。面对这些问题，鉴于地区之间空

① 周景坤、黄洁：《国外雾霾防治财政政策及启示》，《经济纵横》2015 年第 6 期。

气污染的监管经验，可以通过共同制定条约来进行规制。应确立有效的共同协议来进行跨地区之间的雾霾治理，这个协议不是在地区之间互相责怪，而是要通过创建一个管理框架来实现治理雾霾这个共同的目标。这个框架应该达成这一目的，即使没有仲裁或强制的措施，各地区之间仍可以协同进行雾霾污染的治理；随着时间的推进，各地区对协议的执行要超越各地区内雾霾污染治理的相关规定；跨地区雾霾治理中的政府部门在其中扮演着主要的角色，其他包括政府间、非政府组织、私人组织、工业和商业组织也起着很重要的作用。①

（四）统一和细化雾霾防治的标准

应该在一定区域内实行统一标准。一方面要统一防治雾霾的标准；另一方面应细化雾霾防治的标准。当前雾霾防治的政策一直集中于移动的污染源，如汽车、卡车等，以及固定污染源包括工厂和燃煤电厂等。以农业为载体的小污染源、区域污染源分布于一些零散区域，还没有完善的标准对这些污染源进行治理，因此需要建立一套相应的实施标准。

（五）制定具有前瞻性的雾霾防治公共服务政策

中国对雾霾防治所制定的相关政策相对滞后，在国家层面上，一般都是出现了雾霾现象以后才会出台相应的法律法规，对政策的制定明显落后于雾霾防治问题。西方国家已经成功处理了一些雾霾现象，通过借鉴它们的雾霾防治经验，我们认为，中国防治雾霾可以从以下几点着手：一方面应结合当地的社会发展状况，了解西方发达国家对空气，特别是雾霾立法的历史进程，对其雾霾发生、起因、过程及处理结果进行深入研究，找到其中的规律和特点；另一方面要根据中国社会发展的历史阶段，把握雾霾现象发生的原因、经过以及内在规律，找到西方国家和中国雾霾现象发生的一些共同点，结合西方国家的治理历史以及中国的现状，预测中国雾霾现象的发展趋势，从而制定一套比较有预见性、完整性的雾霾防治的法律

① David B. Jerger, Jr., "Indonesia's Role in Realizing the Goals of Asian's Agreement on Tran - boundary Haze Pollution," *Sustainable Development Law & Policy*, 2014 (10): 35 - 72.

法规和政策。

（六）构建多元化的雾霾政策评价主体

早期雾霾政策的评价主要从经济的角度，运用成本—收益和成本效益分析方法进行，随着社会问题的日益复杂，用单一的标准已经不能正确、全面地对政策进行评价，评价方法也逐渐完善。政策评价除了考虑经济效益外还需兼顾社会效益，同时为了保证政策的落实，应将环境保护纳入对官员的责任考核中。中国在 2015 年出台的加快推进生态文明建设的意见中，将环境保护纳入对官员的激励机制中。政府官员要对其辖区内的大气、水、土壤等环境质量负责。如果他们不能通过环保责任考核，就将失去晋升机会。因此，在对雾霾政策进行评价时，第一，应综合经济、社会和政治的因素，在兼顾各个因素的同时有所侧重；第二，政府官员的政绩导向会对社会发展方向产生重要的影响，把对环境特别是雾霾防治的效果纳入官员的考核机制中，会对政府的行为产生很大的导向作用，对政府部门及官员的雾霾防治效果进行绩效考核，并以此作为他们能否晋升的考核标准之一，可以有效提高雾霾防治的效果和水平。

（七）做好节能减排工作

目前，煤炭占中国一次能源消费的近 70%，而且这一现象在短期内难以大幅改变。F. H. Bormann 认为，最好的减排方法并不是不使用燃料，而是提高使用能源的效率，减少每单位国民生产总值对化石燃料的消耗。[①] 节能减排可以从以下几个方面着手：首先要解决煤炭燃烧的污染问题，提高煤炭的效率。给予企业一定的设备补贴，运用奖惩机制加以强制落实，淘汰燃烧率低下的小型燃煤锅炉，鼓励居民减少煤球、蜂窝煤等生活用煤的使用。其次要加快能源结构调整，加快清洁能源的发展。Liaqat Ali 指出，不发达国家在从以石油、天然气为主的能源供应向充分利用可

① F. H. Bormann, "The New England Landscape: Air Pollution Stress and Energy Policy," *Ambio*, Vol. 11, No. 4, Energy Planning in Developing Countries (1982), pp. 188 – 194.

再生能源的转变过程中，主要的障碍之一就是资金问题。① 因此，要鼓励民间资本、外资对可再生能源技术的开发与利用，加大对可再生能源技术的激励政策，对水电、生物质能、风能、太阳能、地热等清洁能源的开发给予政策优惠与扶持；可以学习印度，引入清洁能源税对煤炭进行征税，建立国家清洁能源基金会，以有助于清洁能源技术的研究和开发。② 最后要加大机动车污染治理，提高成品油质量。在生产环节，通过税收优惠政策鼓励企业对环保汽车进行技术的研发和推广；在购买环节，通过购买环保汽车可减免购置税等政策鼓励个人和企业使用环保交通工具；另外对不同排量的机动车执行不同税率。在使用环节上，鼓励使用替代燃料的汽车，对低排放、零排放的汽车给予税收减免，对高油耗的机动车征收高耗油税；对不同成品油比如含铅汽油与无铅汽油、低硫与高硫柴油执行区别税率。

六　雾霾防治人才政策的优化策略

（一）努力营造雾霾防治人才成长的环境

良好的成长环境能为雾霾防治人才开展工作提供一个有力的保障，因此要使得雾霾防治人才发挥才能，就必须努力营造雾霾防治人才的成长环境。一方面，应加强对雾霾防治人才成长的宣传重视。通过中小学教育宣传、社区宣传，开展各类社会活动使得雾霾防治的观念深入人心。同时通过宣传教育，使得全社会加强对雾霾防治相关专业人才的重视，促使这些专业成为热门专业，从而为相关专业进一步吸引人才提供有力条件。另一方面，对于在雾霾防治相关领域工作的人才，应当提供更加宽松有效的工作环境，比如，对创新性的雾霾防治人才采用弹性工作制，提供一个自由的办公环境场所。例如，美国各界人士都有一个共识："允许失败"。他们相信，大多数科技人员都具有良好的职业精神，失败不是因主观不努力

---

① Liaqat Ali, "Financing New and Renewable Sources of Energy," *Economic and Political Weekly*, 1981 (5): 913 - 921.

② Dinesh C. Sharma, "Clean Energy Tax For India," *Frontiers in Ecology and the Environment*, 2010 (4): 116.

而造成的。这种理念极大地保护了雾霾防治科技人才的积极性，为其营造了有利的人才成长空间。

（二）积极实施雾霾防治人才引进工程

在全球雾霾防治人才资源短缺和雾霾污染愈加严重的形势下，各国在对雾霾防治人才的引进政策中，移民是发达国家争夺发展中国家人才的最常用、最普遍、最有效的手段，这主要有职业移民政策、签发居留许可、外国留学生政策、全球猎头选才和学术交流与科技合作项目政策等形式。中国可借鉴西方发达国家的有效经验和做法，通过修改移民法规，放宽移民政策，大力吸引海外优秀的雾霾防治人才。应将吸引中国需要的雾霾防治高科技人才、高层次人才和紧缺人才作为中国移民政策和人才引进计划工作的重点，在职业移民的配额数量中有针对性地向雾霾防治类人才倾斜，向具有特殊专业才能的人才提供便利。同时，为了有效留住外来优秀人才，中国应当吸引和留住外国留学生作为后备力量；以优厚的待遇聘请外国人才；发展猎头公司和人才网络，促进全球选才；通过跨国公司直接延揽或合作培养人才；利用学术交流和科技合作吸引外国人才。

（三）加大对雾霾防治人才的教育培养力度

打铁还需自身硬。强国战略需要各类高素质人才，高素质人才应该靠我们自己培养。在大力引进国外优秀雾霾防治人才的同时，中国应加大本土雾霾防治相关专业人才的培养力度。面对中国将近200所高校设置了生态环保类相关专业，但与人才培养和国家社会发展需求仍相距甚远的状况，中国应当借鉴国外在雾霾防治人才教育培养中的有益经验，例如从中小学开始加入相关课程教育，针对雾霾防治的现实需求开设更加有特色的专业，加强相关专业师资队伍的建设等，建立起中国自有的相对优越的人才培育体系。同时因为雾霾防治工作的技术性和应用性较强，所以在雾霾防治教育培养体系构建中应注重教育的实用性，采用校企合作的方式量身定做雾霾防治创新人才，使产学研更多地结合在一起，加强应用型教育。在这一点上，英国的“学徒制”，德国的“二元并轨制”都对中国具有重要的借鉴作用。

（四）优化雾霾防治人才激励机制

创新是雾霾防治工作发展的基石和动力。只有提高雾霾防治人才的创新能力，才能保持雾霾防治事业旺盛的生命力。首先，加强创新理论和方法的学习，增强相关人才的创新能力，持续造就出一大批站在科技前沿的领军人才。建立企业创新人才基金制度，对那些在雾霾防治生产产品、技术、工艺等方面有创新的人员，政府要给予一定的奖励和补贴，以鼓励其继续创新。其次，合理利用“差别化”来激发人才的积极性。在工资及其他福利待遇、住房补贴等方面，对有创新业绩的人才给予优惠待遇，激励广大雾霾防治人员自觉创新。建立表彰奖励制度，为鼓励多出业绩和成果，按照实用人才和创新人才的贡献大小，分别进行不同级次的奖励和表彰。再次，建立人才使用的激励机制。一方面积极利用项目培养人才的机制，建立健全雾霾防治人才的激励机制，调动相关人才的工作积极性；另一方面强化岗位流动，随时根据需要调换岗位，使其能够脱颖而出。总之，培养和造就一大批环境保护实用人才、创新人才是遏制所面临的环境恶化形势及破解环境保护工作中重大课题的关键，创新是事业发展的基石和动力。只有提高雾霾防治实用人才的自主创新能力，才能保持雾霾防治事业强大的生命力。

七　雾霾防治技术政策的优化策略

（一）提高技术引进的使用效率

技术引进是一个国家或地区通过一定的方式从国外获得先进技术的行为。技术引进政策是确保中国实现技术赶超计划的重要政策手段。国外雾霾防治技术引进政策对中国的启示有：第一，以技术引进促进本国的技术创新工作。在技术引进的基础上，加强自身雾霾技术的创新和转化，形成较为完善的雾霾防治技术体系，这样可以在较短时期内提升国内的雾霾防治技术；第二，通过技术引进培养一支高素质的人力资源队伍。构建合理的雾霾防治人才结构，造就一批具有高水平的科研人才和具备较高质量的技术人才；第三，利用引进的雾霾防治技术填补国内薄弱的技术环节，并对技术的引进、消化配套完善的开发设备。

（二）完善雾霾防治知识产权政策

目前中国知识产权保护意识薄弱，雾霾防治相关领域也不例外。一是政府应该发挥对雾霾防治相关知识产权建设的主导作用，改进知识产权的战略管理，积极推进雾霾防治相关知识产权的机制改革，把企业作为自主创新的主体，并围绕企业的主体地位改革机制，强化其对自主创新的知识产权的保护作用。二是要加大对知识产权的宣传活动。专利管理部门应定时定期举办知识产权的系列活动，展示知识产权在雾霾防治中所取得的成绩，宣传关于知识产权的知识和战略。三是要加强人才的培养。培养一批懂技术、懂管理、懂法律的复合型人才为企业决策，在雾霾防治相关的技术部门中要加强对知识产权人员的培训，同时应重视对科技人员知识产权意识的培训。四是要健全雾霾防治知识产权体系，加强执法力度。修订专利法中不适应的条款，完善司法和行政执法的程序，强化执法手段。

（三）创建“官、产、学、服、资、研”技术创新战略联盟

中国的雾霾防治思路是块状式、碎片化的，因此需要改变过去的管理理念，整合一切科技资源来为雾霾防治服务，创建“官、产、学、服、资、研”六位一体的技术创新战略联盟。自主创新战略联盟是在政府、企业、高等院校和科研机构、服务机构、资本市场的基础上，根据各自的优势和特点，由政府牵头组织，通过“产、学、研、服、资”的合作，引导雾霾防治的自主创新能力，通过技术进步带动整个雾霾防治相关产业的升级。在政府的引导和推动下，形成以企业为主体，市场为导向，产学研相结合，服务机构提供平台，资本市场提供资金支持的技术创新体系。运作机制是政府引导，各个主体相互作用、优势互补、利益共享、共同发展、风险共担。这个创新联盟具体由政策的保障、企业以及科研机构的运营体系、服务信息平台、投资体系等予以支撑。构建公共服务信息平台，鼓励民间资本、外资的融资和投入，利用科研机构、高校研究所、企业实验室等平台，通过共建项目的方式对雾霾防治的相关技术进行研究。

（四）加强雾霾防治相关专利申请制度建设

2012年，中国实施绿色专利快速审查制度。相比较国外的快速审查通道而言，中国还需要加强以下几个方面的工作：一是要加快专利审查的进程。比如英国的“绿色通道”比一般程序快24个月。雾霾治理在时间上具有时效性，治理得越早，对人民生活和健康的危害就越少，而且雾霾现象在中国日趋严重，有不断扩大和复杂化的趋势，如果审查的进程太慢，就会妨碍雾霾治理的进程，使治理雾霾的创新技术不能够及时得到运用。二是要降低雾霾治理的相关专利申请的门槛。为了促进企业、社会和个人对雾霾治理的相关技术创新，增加对其治理的研究兴趣，可以适当放宽专利申请的条件，使一些边缘的、有潜力的、有开拓深度的项目去关注雾霾治理，形成比较浓厚的创新和研究氛围。三是要重视对快速审查人员能力的培养和提高。为了能够加速对专利的审查，需要增加审查员的数量，并及时进行培训，使审查人员能够有足够的业务能力和水平进行绿色的专利审查。

（五）建立完善的技术转化政策体系

应建立雾霾防治技术转让、转化的法律制度，制定雾霾防治技术转让规则，规范雾霾防治技术转让程序，建立健全雾霾防治技术成果转化的评价机制，建立技术转化的绩效评价机制。美国的技术转让能够成功的重要因素是大学与相关工业部门的协作。通过技术合作、技术成果宣传、寻求赞助、成立研究基金等方式实现双赢，大学机构向工业部门输送人才与技术，工业部门向大学提供经济支持，通过合同的签署使技术成果转化成生产力，最终实现经济利益的共享、共赢。美国在大学中建立技术转化办公室，完善技术转化的利益分享制度，建立技术人员的责任考核制度，软件和硬件的协调一致是技术转化的基础条件。改善外部环境有利于技术转移的良好实现，使各种资源能够在沟通中得到有效利用，提高技术转化为成果的速度，从而提升雾霾治理的效果。中国一方面应该进行大学科技园的建设工作，加速高校科技成果的转化效率，顺利实现技术转移；另一方面应该在研究型大学密集地区，建设高新科技开发区，使之成为高新技术企业的孵化器，为大学技术转移提供服务。

雾霾防治是一项浩大的工程，是不能一蹴而就的，既需要从根源上进行治理，改进技术和设备，还需要人民生活习惯和消费观念的转变。雾霾防治的政策创新作为解决雾霾问题的核心工作，需要一整套政策体系和保障体系的结合，以及对政策强有力的执行才能起到良好的防治效果。本章介绍了国外雾霾治理防治有关的政策措施，梳理了其中比较通用并能为中国借鉴的先进经验和主要做法，提出了中国应从财政、税收、金融、人才、知识产权、公共服务政策等方面对雾霾防治的自主创新予以重视和大力扶植，这样势必能对雾霾的防治起到事半功倍的效果。最后希望中国能够通过雾霾防治自主创新政策的改进与完善，早日摆脱雾霾污染的困扰。

第八章　研究结论与展望

本章将总结本书的研究结论、可能的创新点、研究中所存在的不足及研究展望。

一　主要研究结论

本书在系统调研文献的基础上对中国雾霾防治政策的现实需求进行了实证调查，并就国外雾霾防治政策的主要做法及成功经验进行了归纳总结，提出了全面优化雾霾防治政策的对策建议。具体来看，本书的主要研究结论包括以下几个方面。

（一）中国雾霾防治政策需求的实证调查

本书运用文献调查法从雾霾防治政策的财政、税收、金融、人才、技术、产业和公共服务等政策类型方面构建了中国雾霾防治政策实际需求体系。运用判断抽样法对中国雾霾污染不同地区的样本进行了问卷调查，结果发现，中国雾霾防治的公共服务政策、产业政策的需求程度最高，其次是技术政策、财政政策、人才政策，税收政策和金融政策的需求程度相对较低。从地区差异来看，北京和杭州作为经济最为发达的城市，它们最需要的雾霾防治政策是公共服务政策，其次是产业政策（北京）、人才政策（杭州）；作为经济比较发达的西安和武汉这两个城市最需要的雾霾防治政策是产业政策，其次是公共服务政策；作为经济较不发达的城市梧州最需要的雾霾防治政策是财政政策，其次是产业政策和公共服务政策。从具体需求的政策措施来看，作为中国雾霾污染最为严重地区之一的北京市最需要的五条具体政策依次为建立健全雾霾防治相关信息公开制度，建立健全雾霾防治的法律法规体系，建立健全雾霾防治的标准体系，根据雾霾防治的需要调整产业结构和建立健全雾霾污染的监测预警体系；作为中国雾霾污染最为严重地区之一的西安市最需要的五条具体政策依次为建立健全雾霾污染的监测预警体系，建立健全雾霾防治相关信息公开制度，建立健全绿色产业发展规划，建立健全雾霾防治的法律法规体系和根据雾霾防治的需要调整产业结构；作为中国雾霾污染较为严重地区之一的武汉市最需要的五条具体政策依次为建立健全绿色产业发展规划，建立健全绿色产业资源配置机制，加快建立新型绿色产业组织，加快完善与大气污染相关的排污权交易制度和建立健全雾霾污染的监测预警体系；作为中国雾霾污染较为严重地区之一的杭州市最需要的五条具体政策依次为建立健全雾霾防治的法律法规体系，建立健全雾霾污染的监测预警体系，建立健全绿色产业发展规划，建立健全雾霾防治人员的绩效评价制度和建立健全雾霾防治相关信息公开制度；作为中国雾霾污染不严重地区之一的梧州市最需要的五条具体政策依次为建立健全雾霾防治的财政投入政策，建立健全雾霾防治的财政补贴政策，根据雾霾防治的需要调整产业结构，建立健全雾霾防治的法律法规体系和建立健全绿色产业发展规划。由综合调查结果分析得出，中国最为需要的五条具体雾霾防治政策为建立健全雾霾防治的法律法规体系，建立健全绿色产业发展规划，建立健全雾霾污染的监测预警体系，根据雾霾防治的需要调整产业结构和建立健全雾霾防治相关信息公开制度。

（二）外国雾霾防治政策的主要做法及成功经验

本书以雾霾防治政策的财政、税收、金融、人才、技术、产业和公共服务等政策类型入手，分析了外国雾霾防治政策的主要做法及成功经验。具体来说，外国雾霾防治财政政策的做法及成功经验主要有财政预算、政府采购、收费政策、专项基金支持和财政补贴；外国雾霾防治税收政策的做法及成功经验主要有开征能源税、资源税，对排放的二氧化碳、二氧化硫等废气征税，对燃料以及机动车等征税政策，另外还有直接减免税、投资抵免、加速折旧等税收优惠政策；外国雾霾防治金融政策的做法及成功经验主要有进行排污权交易，实施绿色信贷、绿色证券、环境污染责任保险等政策；外国雾霾防治产业政策的做法及成功经验主要有进行区域产业规划、生态产业园区规划和雾霾防治重点领域专项规划等；外国雾霾防治公共服务政策的做法及成功经验主要有加快雾霾防治立法，制定雾霾防治标准，进行雾霾防治政策评价；外国雾霾防治人才支持政策的做法及成功经验主要有人才引进、人才培养、人才使用与配置、人才评价与激励等方面；外国雾霾防治技术政策的做法及成功经验主要有制定技术引进与消化、知识产权和专利保护、技术的转化和转移等政策。

（三）雾霾防治政策的优化路径

本书以提高政策绩效为目标，从雾霾防治的财政、税收、金融、人才、技术、产业和公共服务等政策类型着手，提出优化雾霾防治政策的对策建议。本书认为，在雾霾防治财政政策方面，应该加大对雾霾防治的财政投入，完善财政补贴政策，增加对雾霾防治产品的政府采购力度，建立健全雾霾防治相关基金，健全科研资助体系和雾霾防治相关的制度；在雾霾防治税收政策方面，应该节能减排，尽快开征有关废气污染的环境税，完善其他税收政策，优化现有税收内容，加快实施税收优惠、减免、差别税率政策和加快推进排污费改税的进度；在雾霾防治金融政策方面，应该完善与雾霾防治相关的金融政策体系，建立与完善雾霾防治金融市场，加大对雾霾防治金融政策实施的监管力度，集中解决雾霾防治风险投资发展的瓶颈，更好地发挥绿色信贷的引导作用，建构 PPP 雾霾防治产业基金，灵活应用金融政策组合和完善金融业的法制体系建设；在雾霾防治产业政策方面，应该加快中国雾霾防治区域产业规划的升级改造工作，加大环保产业扶持力度，积极发展多种类型的生态产业园区，加快制定雾霾防治重点领域专项规划和加强雾霾防治产业规划法律体系建设；在雾霾公共服务政策方面，应该尽快完善中国雾霾防治法律法规体系，有效整合立法权、行政权、司法权和公众力量，构建雾霾防治的区域联防联控机制，统一和细化雾霾防治的标准，制定具有前瞻性的雾霾防治公共服务政策，构建多元化的雾霾政策评价主体；在雾霾防治人才政策方面，应该努力营造雾霾防治人才创新环境，积极实施雾霾防治人才引进工程，加大对雾霾防治人才教育培养力度和优化雾霾防治人才激励机制；在雾霾防治技术政策方面，应该提高技术引进的使用效率，完善雾霾防治知识产权政策，创建“官、产、学、服、资、研”技术创新战略联盟，加强雾霾防治相关专利申请制度建设和建立完善的技术转化政策体系等。

二　本书的创新点

本书的创新点主要有以下几个方面。

（一）雾霾防治政策的需求调查创新方面

本书运用文献调查法构建出我国雾霾防治政策实际需求体系，运用问卷法调查我国雾霾污染不同地区的实际需求，然后对其结果进行统计分析，找出我国不同地区的雾霾防治需求，本书内容具有一定的创新性。

（二）外国雾霾防治政策创新方面

本书从雾霾防治的财政、税收、金融、人才、技术、产业和公共服务等政策类型出发，较为系统地对外国雾霾防治政策的主要做法及成功经验进行了全面深入的分析，这在外国雾霾防治政策的成功经验和主要做法研究方面具有一定的创新性。

（三）雾霾防治政策的优化策略

本书从雾霾防治的财政、税收、金融、人才、技术、产业和公共服务等政策类型分析入手，给出了较为全面和系统的如何优化中国雾霾防治政策的对策建议。这在中国雾霾防治政策优化策略研究还局限在财政、税收、产业等某单一类型政策的情况下，本书在此方面的研究成果具有一定的创新性。

三　研究局限与后续研究展望

（一）研究局限

本书主要运用统计分析方法进行检验和修正，运用比较研究等方法对外国雾霾防治政策成功经验和主要做法等进行了较为系统的研究。但笔者认为，本书研究尚存在以下几个方面的不足。

1. 雾霾防治政策研究有待深入

本书在对雾霾防治政策实际需求等定量研究方面只是根据所选定的分析框架和研究目标选择了笔者所认为的合适的研究方法进行探讨，这在一定程度上调查了雾霾防治政策的实际需求等，但笔者认为还可以采取其他很多定量研究方法进行试验和探索。

2. 本书调查样本范围有待进一步扩大

本书的调查对象主要来自高校、政府部门等群体，尽管考虑到了地区差异，尽量保证了测量问卷的有效性，但雾霾防治政策同时还作用于企业等其他组织。本书尚没有将企业等其他组织纳入测量对象中。

（二）后续研究展望

扩大调查样本范围。将来计划采用分层随机抽样的方法，在雾霾污染严重地区、雾霾污染较为严重地区和雾霾污染不严重地区选择更多样本，且将在涵盖企业、科研院所等组织方面进行探索。

参考文献

布雷恩威廉克拉普：《工业革命以来的英国环境史》，王黎译，中国环境科学出版社2011年版。

陈庆云：《公共政策分析》，北京大学出版社2006年版。

陈雅琼：《雾霾及其定义》，中国气象学会，2012［2015-06-26］. http：//www. cma. gov. cn/2011xzt/20120816/2012081601_ 2/201208160101/201209/t20120912_ 185010. html。

陈振明：《政策科学》，中国人民大学出版社2003年版。

崔颖：《基于模糊综合评价的科技创新人才政策环境评价研究——来自河南省的数据》2013年第11期。

邓大松：《国民健康公平程度测量、因素分析与保障体系研究》，人民出版社2011年版。

董翊明、孙天钾、陈前虎：《基于"4E"模型的经济适用房公共政策绩效评价与研究——以杭州为例》，《城市发展研究》2011年第8期。

段忠贤：《自主创新政策的供给演进、绩效测量及优化路径研究》，博士学位论文，浙江大学，2014年。

范柏乃、龙海波、王光华：《西部大开发政策绩效评估与调整策略研究》，浙江大学出版社2011年版。

高广阔、韩颖：《雾霾影响下大气治理产业发展问题与对策研究》，《发展研究》2015年第3期。

郭俊华、刘奕玮：《我国城市雾霾天气治理的产业结构调整》，《西北大学学报》（哲学社会科学版）2014年第3期。

韩国：《绿色技术专利之争愈演愈烈》，中国保护知识产权网，2009年8月26日，http：//www. lawtime. cn/info/zhuanli/zlnews/2011050659386.

html。

韩力慧、庄国顺、程水源等：《北京地面扬尘的理化特性及其对大气颗粒物污染的影响》，《环境科学》2009 年第 30 期。

韩雁冰：《雾霾天气环境下清洁能源发展的财政政策思考》，《资源节约与环保》2013 年第 12 期。

贺巧知：《政府购买公共服务研究》，学位论文，财政部财政科学研究所，2014 年。

洪燕平：《农业农村节能减排的财税政策研究》，《会计之友》2012 年第 7 期。

黄小敏：《环境污染责任保险补贴的政策需求与制度供给》，《南方金融》2012 年第 9 期。

季鸣童、张春迎：《雾霾防治现状与展望》，《科技致富向导》2014 年第 18 期。

贾秀飞、梁岩：《论雾霾公共政策问题的科学构建》，《环境工程》2015 年第 9 期。

蓝虹、任子平：《建构以 PPP 环保产业基金为基础的绿色金融创新体系》，《环境保护》2015 年第 8 期。

冷艳丽、杜思正：《产业结构、城市化与雾霾污染》，《中国科技论坛》2015 年第 9 期。

李慧：《芬兰清洁技术持续增长》，《中国能源报》2014 年第 6 期。

李佳、陈世金、许文静：《京津冀一体化背景下的雾霾治理与河北省产业结构调整》，《福建质量管理》2016 年第 2 期。

李丽莉：《改革开放以来我国科技人才政策演进研究》，学位论文，东北师范大学，2014 年。

李强：《加强社会建设领域法律制度建设》，《求是》2014 年第 23 期。

李庆钧：《公共政策创新的动力系统分析》，《理论探讨》2007 年第 2 期。

李艳娇：《国家及地方新能源汽车推广政策总览》，《第一电动网》2014 年第 8 期。

李瑛、李莎、赵石磊：《关于汽车尾气对空气质量的影响》，《城市建设理论研究》2014 年第 26 期。

梁猛：《节能减排的金融支持之道》，《中国金融》2009 年第 16 期。
梁晓林、谢俊英：《京津冀区域经济一体化的演变、现状及发展对策》，《河北经贸大学学报》2009 年第 6 期。
梁娅楠：《北京市低碳交通实证研究》，学位论文，首都经济贸易大学，2015 年。
梁岩、贾秀飞：《“雾霾”现象的公共政策分析》，《环境保护科学》2015 年第 4 期。
蔺宏良：《我国机动车污染排放现状及控制对策分析》，《西安文理学院学报》2008 年第 3 期。
刘长才、宋志涛：《基于政策供给的我国资产证券化演进路径分析》，《商业时代》2010 年第 10 期。
刘敏、王萌：《3E 还是 4E：财政支出绩效评价原则探讨》，《财政监督》2016 年第 1 期。
刘太刚：《公共物品理论的反思——兼论需求溢出理论下的民生政策思路》，《中国行政管理》2011 年第 9 期。
吕玮：《基于雾霾治理的碳金融市场发展对策》，《商业会计》2016 年第 3 期。
毛黎：《美国：成功的人才引进政策》，《国际人才交流》2009 年第 3 期。
慕安霜：《雾霾天气下产业结构调整的方向及意义》，《商》2015 年第 12 期。
宁本涛：《调整结构　明晰产权——对我国教育资源配置效率与公平问题的制度分析》，《教育与经济》2000 年第 3 期。
牛禄青：《核电新使命　提振经济和治理雾霾新路径》，《新经济导刊》2014 年第 6 期。
潘小川、李国金：《危险的呼吸——$PM_{2.5}$的健康危害和经济损失评估研究》，中国环境科学出版社 2012 年版。
齐蓉：《促进环境保护的财政政策研究》，《赤峰学院学报》2014 年第 10 期。
任辉：《环境保护、可持续发展与绿色金融体系构建》，《现代经济探讨》2009 年第 10 期。

商龚平：《从雾霾猖獗看我国聚酰亚胺纤维产业发展》，《新材料产业》2014 年第 5 期。

石朝树：《产业升级视角下合肥市雾霾治理对策研究》，《合作经济与科技》2015 年第 8 期。

宋俊平：《金融支持雾霾天气治理的思考》，《求知》2014 年第 12 期。

宋怡欣：《碳金融法律制度国际演进对我国雾霾治理的启示》，《生态经济》2015 年第 2 期。

孙洪庆、邓瑛：《对发展绿色金融的思考》，《经济与管理》2002 年第 1 期。

田华：《基于知识溢出的区域性大学发展研究》，硕士学位论文，浙江大学，2010 年。

涂崇民：《中美科技人力资源评价比较研究》，硕士学位论文，北京化工大学，2011 年。

汪亮：《广东省高技术产业公共政策绩效研究》，硕士学位论文，广东海洋大学，2012 年。

王芳：《京津冀地区雾霾天气的原因分析及其治理》，《工作研究》2014 年第 7 期。

王宏伟：《机会公平：形式与内容的辩证统一》，《理论导刊》2008 年第 3 期。

王金南、雷宇、宁淼：《实施〈大气污染防治行动计划〉：向 $PM_{2.5}$ 宣战》，《环境保护》2014 年第 42 卷第 6 期。

王京：《1948 年美国多诺拉烟雾事件》，《环境导报》2003 年第 20 期。

王亮：《高等教育公平：过程与结果的双重思索》，《社会科学战线》2013 年第 1 期。

王伶雅：《应加强大气自我净化研究》，《成都日报》2014 年 3 月 11 日。

王珉：《我国银行业视角下的绿色信贷——对环保金融化的思考》，《中国商界》2010 年第 2 期。

王袅：《运用财税政策促进节能减排》，《黑龙江对外经贸》2009 年第 1 期。

王起奎：《关于公平问题的哲学思考》，《理论导刊》2007 年第 3 期。

王少梅、李茜倩、谷娜:《试论雾霾现况与环保技术》,《哈尔滨师范大学自然科学学报》2015年第5期。

王腾飞、苏布达、姜彤:《气候变化背景下的雾霾变化趋势与对策》,《环境影响评价》2014年第1期。

王文华、周景坤:《雾霾防治的金融政策之演进及展望》,《江西社会科学》2015年第11期。

魏峰:《教育政策效率低下的原因分析及其提升策略》,《教育发展研究》2013年第3期。

伍启元:《公共政策》(上册),中国人民大学出版社2002年版。

小丰:《荷兰发明家试验静电除雾霾》,《中国工会财会》2014年第1期。

肖坚:《促进节能减排的财政政策思考》,《地方财政研究》2008年第5期。

肖建华、陈思航:《中英雾霾防治对比分析》,《中南林业科技大学学报》(社会科学版)2015年第2期。

谢艺:《建国初期中国共产党民生建设研究》,学位论文,吉林大学,2014年。

谢运:《我国激励自主创新的税收政策评价与优化路径研究》,硕士学位论文,浙江大学,2012年。

辛涛、田伟、邹舟:《教育结果公平的测量及其对基础教育发展的启示》,《清华大学教育研究》2010年第4期。

徐福志:《浙江省自主创新政策的供给、需求与优化研究》,硕士学位论文,浙江大学,2013年。

闫坤、鄢晓发:《居民消费与财政政策研究:一个理论分析框架》,《财政研究》2008年第10期。

闫世辉:《我国环境政策的反思与创新》,《环境经济》2004年第6期。

杨奔、黄洁:《经济学视域下京津冀地区雾霾成因及对策》,《经济纵横》2016年第4期。

杨奔、林艳:《我国雾霾防治的金融政策研究》,《经济纵横》2015年第12期。

杨杰:《史上最严新环保法》,《中国环保网》,2014[2015-07-04] htt

p：//www. chinaenvironment. com/view/ViewNews. aspx？ k = 20140716131434484.

杨娟：《英国政府大气污染治理的历程、经验和启示》，学位论文，天津师范大学，2015 年。

杨力华：《我国大气污染治理制度变迁的过程、特点、问题及建议》，《新视野》2016 年第 1 期。

易志斌、马晓明：《论流域跨界水污染的府际合作治理机制》，《社会科学》2009 年第 3 期。

[英] 戴维·皮尔斯：《现代经济学辞典》，毕吉耀、谷爱俊译，北京航空航天大学出版社 1992 年版。

俞海：《绿色投资：以结构调整促进节能减排的关键》，《环境经济》2009 年第 1 期。

郁建兴：《中国的公共服务体系：发展历程、社会政策与体制机制》，《学术月刊》2011 年第 3 期。

曾世宏、夏杰长：《公地悲剧、交易费用与雾霾治理——环境技术服务有效供给的制度思考》，《财经问题研究》2015 年第 1 期。

张建忠等：《雾霾天气成因分析及应对思考》，《中国应急管理》2014 年第 1 期。

张建忠、孙瑾缪、宇鹏：《雾霾天气成因分析及应对思考》，《中国应急管理》2014 年第 1 期。

张科：《促进我国低碳经济发展的公共财政政策研究》，硕士学位论文，电子科技大学，2015 年。

张莉：《长三角治霾亟待区域联防机制》，《中国证券报》2014 年 1 月 24 日。

张凌云、齐晔：《地方政府监管困境解释——政治激励与财政约束假说》，《中国行政管理》2010 年第 3 期。

张楠：《促进我国清洁能源发展的财税政策研究——基于雾霾天气背景》，《财经政法资讯》2013 年第 3 期。

张楠：《雾霾天气背景下清洁能源发展的财税政策选择与优化》，《中南财经政法大学研究生学报》2013 年第 2 期。

张强:《雾霾协同治理路径研究》,《西南石油大学学报》(社会科学版)2015 年第 3 期。

张永安、邬龙:《基于政策计量分析的我国大气污染治理现状研究》,学位论文,北京工业大学,2015 年。

张祖群:《公民意识的觉醒——〈穹顶之下〉引发的热议》,《电影评介》2015 年第 4 期。

赵美丽、吴强:《促进环境保护的财政支出政策》,《环境与发展》2014 年第 1 期。

赵筱媛、苏竣:《基于政策工具的公共科技政策分析框架研究》,《科学学研究》2007 年第 1 期。

钟彩霞、薛芳:《浅析雾霾成因及防控对策》,《资源节约与环保》2015 年第 5 期。

周国雄:《论公共政策执行力》,《探索与争鸣》2007 年第 6 期。

周纪昌:《国外金融与环境保护的理论与实践》,《金融理论与实践》2004 年第 10 期。

周景坤:"Analysis of Causes and Hazards of China's Frequent Hazy Weather," *Open Cybernetics & Systemics Journal*, 2015 (9): 1311 - 1314.

周景坤、杜磊:《国外雾霾防治税收政策及启示》,《理论学刊》2015 年第 12 期。

周景坤、黄洁:《国外雾霾防治财政政策及启示》,《经济纵横》2015 年第 6 期。

周景坤、黎雅婷:《国外雾霾防治金融政策举措及启示》,《经济纵横》2016 年第 6 期。

周景坤:《我国雾霾防治税收政策的发展演进过程研究》,《当代经济管理》2016 年第 9 期。

周景坤:《雾霾防治政策创新研究》,《科技管理研究》2016 年第 6 期。

周丽雅:《受云雾干扰的可见光遥感影像信息补偿技术研究》,《解放军信息工程大学》2011 年第 10 期。

周梦君:《依靠技术创新,安全高效发展核电,治理雾霾源头》,《上海节能》2015 年第 3 期。

周笑:《产学研合作中的政策需求与政府作用研究》，硕士学位论文，南京航空航天大学，2008 年。

周迎久:《控煤成为河北今年治气头等大事》,《中国环境报》2015 年 4 月 20 日。

朱怀:《透过雾霾天气浅析我国产业政策法》,《管理观察》2014 年第 9 期。

Alan Manne, Robert Mendelsohn, Richard Richels. "A Model for Evaluating Regional and Global Effects of GHG Reduction Policies." *Energy Policy*, 2013 (10): 18.

Alan Schlottmann, Lawrence Abrams. "Sulfur Emissions Taxes and Coal Resources." *The Review of Economics and Statistics*, 1977 (2): 50 –55.

Ande, Rsson T., Schwaag Sergers, Srvikj, et al. Cluster Policies Whitebook, International Organization for Knowledge Economy and Enterprise Development, 2004: 20.

Anne H. Hopkins and Ronald E. Weber. "Dimensions of Public Policies in the American States." *Polity*, 1976 (3): 475 –489.

Assar Lindbeck and Dennis Snower. "Demand-and Supply-Side Policies and Unemployment: Policy Implications of the Insider-Outsider Approach." *The Scandinavian Journal of Economics*, 1990 (6): 279 –305.

Baumol, Oates. "Bank Monitoring and Environment Risk." *Journal of Business Finance & Accounting*, 2007 (1): 163.

BBC. "EU Blue Card to Target Skilled." http: //news. bbc. co. uk/2/hi/europe/7057575. stm.

California Air Pollution Control Officer's Association. California's Progress Toward Clear, 2011 (4).

Charles Landry. "The Creative City: A Toolkit for Urban Innovators." *Springer-Verlag*, New York Inc, 2010 (4): 117 –136

Danyel Reiche, Mischa Bechberger. "Policy Difference in the Promotion of Renewable Energies in the EU Member States." *Energy Policy*, 2004, (32): 843 - 849.

David B. Jerger, Jr. "Indonesia's Role in Realizing the Goals of Asian's Agreement on Tranboundary Haze Pollution." *Sustainable Development Law & Policy*, 2014 (10): 35 -72.

David Popp. "Pollution Control Innovations and the Clean Air Act of 1990." *Policy Analysis and Management*, 2003 (10): 641 -660.

David. W. Pearce. "Environmental Appraisal and Environmental Policy in the European Union." *Environmental and Resource Economics*, 1998(3): 489 - 501

D. Easton. *The Political System: An Inquiry into the State of Political Science*. New York, Knopf, 1971: 129 -134.

D. Easton. *The Political System*, New York: Kropf, 1953: 129.

Diane Rahm, Barry Bozeman, Michael Crow. "Domestic Technology Transfer and Competitiveness: An Empirical Assessment of Roles of University and Governmental R&D Laboratories." *Public Administration Review*, 1988 (11 -12), pp. 969 -978.

Dinesh C. Sharma. "Clean Energy Tax for India." *Frontiers in Ecology and the Environment*, 2010 (4): 116.

Don Fullerton. "Why Have Separate Environmental Taxes?" *Tax Policy and the Economy*, 1996 (10): 33 -70.

Ellyn Adrienne Hershman. "California Legislation on Air Contaminant Emissions from Stationary Sources," *California Law Review*, 1970 (11): 1474 -1498.

Emissionshandel: Herausforderungen des Energie-und Klimapakets 2030. https: //www. vdi. de/artikel/emissionshandel-herausforderungen-des-energie-und-klimapakets-2030/.

Energy Efficiency and Renewable Energy. President Obama Calls for Greater Use of Renewable Energy, 16-03-20.

EPA. Clean Air Interstate Rule, Acid Rain Program, and Former NOx Budget Trading Program 2011 Progress Report, 2015: 20.

EPA. Environmental Assessments & Environmental Impact Statements. 2013-

1. http: //www. epa. gov/reg3esd1/nepa/eis. htm.

EPA. Fact Sheet: Overview of the Clean Power Plan, 2015: 15.

EPA. 2011 TRI National Analysis, 2013-1-20.

Eric Lane. "USPTOs Green Patent Program: Stuck in Neutral," *Greentech Enterprise*, 2010 (4).

Erin E. Dooley. "Fifty Years Later: Clearing the Air over the London Smog." *Environmental Health Perspectives*, 2002 (12): 748.

EU. The Blue Card Impasse, http: //www. europeanunionbluecard. com/.

Evan J. Ringquist. "Does Regulation Matter? —Evaluating the Effects of State Air Pollution Control Programs." *The Journal of Politics*, 1993 (11): 1022 - 1045.

F. Duane Ackerman. Clusters of Innovation: Regional Foundations of U. S. Competitiveness, Council on Competitiveness, 2002: 13 - 14.

F. H. Bormann. "The New England Landscape: Air Pollution Stress and Energy Policy." *Ambio*, Vol. 11, No. 4, Energy Planning in Developing Countries (1982).

Frederick S. Mallette. "Legislation on Air Pollution." *Public Health Reports* (1896 - 1970), 1956 (11): 1069 - 1074.

Frederic S. Mishkin. "Does Anticipated Aggregate Demand Policy Matter? Further Econometric Results." *The American Economic Review*, 1982 (9): 788 - 802.

Gary Rhoades, Sheila Slaughter. "Professors, Administrators, and Patents: The Negotiation of Technology Transfer." *Sociology of Education*, 1991 (4): 65 - 77.

George A. Gonzalez. "Urban Growth and the Politics of Air Pollution: The Establishment of California's Automobile Emission Standards." *Polity*, 2002 (12): 213 - 236.

George T. Wolff, Nelson A. Kelly and Martin A. Ferman. "On the Sources of Summertime Haze in the Eastern United States." *Science*, New Series, 1981 (2): 703 - 705.

George T. Wolff, Nelson A. Kelly and Martin A. Ferman. "On the Sources of Summertime Haze in the Eastern United States." *Science*, New Series: 1981 (2): 703 – 705.

Georg Krücken, Frank Meier , Andre Müller. "Information, Cooperation, and the Blurring of Boundaries: Technology Transfer in German and American Discourses." *Higher Education*, 2007 (6): 675 – 696.

Gilbert E. Metcalf. "Federal Tax Policy towards Energy." *Tax Policy and the Economy*, 2007 (12): 145 – 184.

G. Pascal Zachary. *Die Neuen Weltberger*. London: 1998.

H. D. Iasswell and A. Kaplan. *Power and Society*. New Haven , Yale University Press, 1970: 71.

Isabel Maria Bodas Freitas, Nick von Tunzelmann. "Mapping Public Support for Innovation: A Comparison of Policy Alignment in the UK and France." *Research Policy*, 2008 (7): 46 – 64.

James A. Thurber. "Congressional Budget Reform and New Demands for Policy Analysis." *Policy Analysis*, 1976 (3): 197 – 214.

James Cotton. "The 'Haze' over Southeast Asia: Challenging the ASEAN Mode of Regional Engagement." *Pacific Affairs*, 1999 (10): 331 – 351.

Jerry M. Melillo and Ellis B. Cowling. "Reactive Nitrogen and Public Policies for Environmental Protection." *Optimizing Nitrogen Management in Food and Energy Productions, and Environmental Change*, 2002 (3): 150 – 158.

M. Jeucken. *Sustainable Finance and Banking: The Financial Sector and the Future of the Planet*. The Earthscan Publication Ltd. , 2001: 100.

John Engler. A Governor's Guide to Cluster-Based Economic Development, National Governors Association of USA, 2002: 4. 16.

Jost Heintzenberg. "Arctic Haze: Air Pollution in Polar Regions." *Polar Regions*, 1989 (11): 50 – 55.

S. Kuhlmann. "The Rise of Systemic Instruments in Innovation Policy ll." *Journal of Foresight and Innovation Policy*, 2004 (1): 4 – 32.

Lan Crawford , Stephen Smith. "Fiscal Instruments for Air Pollution Abatement in Road Transport." *Transport Economics and Policy*, 1995 (1): 33 -51.

Lan W. H. Parry , Kenneth A. Small. "Does Britain or the United States Have the Right Gasoline Tax?" *The American Economic Review*, 2005 (9): 1276 -1289.

Leo V. Mayer and J. Dawson Ahalt. "Public Policy Demands and Statistical Measures of Agriculture." *American Journal of Agricultural Economics*, 1974 (12): 984 -988.

Lepori et al. "Indicators for Comparative Analysis of Public Project Funding: Concepts, Implementation and Evaluation." *Research Evaluation*, 2007 (4): 243 -255.

Liaqat Ali. "Financing New and Renewable Sources of Energy." *Economic and Political Weekly*, 1981 (5): 913 -921.

Lopez, R. "Segregation and Black/White Differences in Exposure to Air Toxics in 1990." *Environmental Perspectives*, 2000 (100): 289 -295.

Ludger Schuknecht. "Fiscal Policy Cycles and Public Expenditure in Developing Countries." *Public Choice*, Vol. 102, No. 1/2 (2000), pp. 115 -130.

M. Ali Fekra, Carlalnclan, David Petron. "Corporate Environmental Disclosure: Competitive Disclosure Hypothesis Using 1991 Annual Report Data." *The International Journal of Accounting*, 1996 (2): 175 -19.

Margaret L. Placier. "The Semantics of State Policy Making: The Case of 'At Risk'." *Educational Evaluation and Policy Analysis*, 1993 (11): 380 -395.

Martha Caldwell Harris. "Public Policy and Technology Transfer: A View from the United States." *Mexican Studies*, 1986 (7): 299 -316.

Metcalfe, D., Frensch, P. A. "Risk Society: Thenore of Unexpected Events." *Journal of Experimental Psychology, Learning, Memory, and Cognition*, 2011 (5): 1011 -1026.

M. Granger Morgan. "Upgrading Policy Analysis: The NSF Role." *Science*, New Series, 1983 (12): 1187.

Michael David Lebowitz. "Utilization of Data from Human Population Studies for Setting Air Quality Standards: Evaluation of Important Issues." *Environmental Health Perspectives*, 1983 (10): 193 - 205.

Mustar, Philippe & Laredo, Philippe. "Innovation and Research Policy in France (1980 - 2000) or the Disappearance of the Colbertist State." *Research Policy*, 2002 (1): 55.

National Network for Manufacturing Innovation (NNMI). http: //www. manufacturing. gov/nnmi/2016-03-01.

Portman. "Wireless Mesh Networks for Public Safety and Crisis Management Applications." *IEEE Internet Computing*, 2008 (12): 18 - 25.

Productivity Commission Staff. "On Efficiency and Effectiveness: Some Definitions." *Australian Government Productivity Commission*, 2013: 115.

Pursuing Sustainable Development in Norway: The Challenge of Living Up to Brundtland at Home, *European Environment*, 2007 (5): 177 - 188.

Radej B, Zakotnik I. "Environment as a Factor of National Competitiveness in Manufacturing." *Clean Technologies and Environmental Policy*, 2003 (10): 257.

M. E. Report. "Clusters and the New Economics of Competition." *Harvard Business Review*, 1998 (7): 77 - 90.

Report of Government Service, RoGS, http: //www. pc. gov. au/research/ongoing/report-on-government-services/2013/2013/02-government-services-2013-chapter1. pdf.

R. Eyestone. *The Threads of Public Policy: A Study in Policy Leadership*, Indianapolis: Bobbs-Merril, 1971: 18.

Richard A. Kerr. "Pollutant Haze Cools the Greenhouse." *Science*, New Series, 1992 (2): 682 - 683.

Rita Pandey. "Fiscal Options for Vehicular Pollution Control in Delhi," *Economic and Political Weekly*, Vol. 33, No. 45, pp. 2873 - 2880.

Rothwell, R. & Zegweld, W. *Industrial Innovation and Public Policy: Preparing for the* 1980*s to* 1990*s*. London: France Printer, 1981: 109.

Sahai Shikha, Srivastava. A. K. "Goal/Target Setting and Performance Assessment as Tool for Talent Management." *Procedia-Social and Behavioral Sciences*, 2012（37）：241－246.

Sandmo. *Environmental Finance*. New York：John Wiley and Sons, 2002（12）.

Sönke Szidat. "Sources of Asian Haze." *Science*, New Series, 2009（1）：470－471.

21ST Century Skills, Realising Our Potential-The Skills Strategy White Paper, http：//www. dfes. gov. uk skillsstrategy. background. shtml.

Stephen R. Dovers. "Sustainability：Demands on Policy." *Journal of Public Policy*, 1996（9）：303－318.

Sweden Government Offices, http：//www. government. se/Government policy/environment/.

Szaz, A., Meuser, M. "Environmental Inequalities：Literature Review and Proposals for New Directions in Research and Theory." *Current Sociology*, 1997（45）：99－120.

Terry A. Ferrar. "A Rationale for a Corporate Air Pollution Abatement Policy." *American Journal of Economics and Sociology*, 1974（6）：233－236.

The International Bank for Reconstruction and Development/The World Bank, Environmental Fiscal Reform—What Should Be Done and How to Achieve It. 2005.

Thomas R. Dye. *Understanding Public Policy*. Englewood Cliffs, N. J.：Prentice-Hall Inc., 1987：2.

Tietenberg, T. H. *Emissions Trading：Principles and Practice*. Washington, D. C：Resources for the Future, 2006：145.

Uropean Commission, Design of Cluster Initiatives—An Overview of Policies and Praxis in Europe, 2005：100.

Wallace E. Tyner, Farzad Taheripour. "Renewable Energy Policy Alternatives for the Future." *Agricultural Economics*, 2007（12）：1303－1310.

后　　记

本书终于出版了，它记录着我们的心路历程，释放了我们的酸辣苦涩。或许本书中还有几许梦想，那是我们这6年多的希冀和期盼，即使我们的梦想已经迈过年轻阶段，变成了没有青春美丽的迷茫。

本书的顺利完成离不开导师、师妹、师弟、项目组成员、我的学生、朋友的关心与帮忙，离不开国家社会科学基金委、河北经贸大学等的资助与支持。我要感谢给予我许多有益教诲和帮助的导师——浙江大学范柏乃教授。他严谨的治学态度、不染流俗的学者风骨、诲人不倦的教育风范为我树立了做人、做事、做学问的楷模；我要感谢浙江大学的余钧、段忠贤、邵青、张维维、邵安等师弟和师妹们，感谢你们从国家社会科学基金项目题目的设计、申报书的写作、调查问卷设计、实地调研、数据的收集和统计分析、书稿的出版、高水平论文和国家社会科学基金研究报告的写作等整个过程所给予的全方位帮助；我要感谢黎雅婷、林艳、黄洁、马芸芸、杜磊、邱房贵等项目组成员，是你们为了资料收集、项目调查、论文和研究报告写作等加班加点，使得我们项目组所主持的国家社会科学基金项目、教育部人文社会科学基金项目顺利完成并得以出版；我要感谢国家社会科学基金委、教育部、梧州学院、河北经贸大学等机构为我们课题研究与成果出版所提供的资金支持；我要感谢我的硕士和本科学生任倩、张淑君、温祥庆、欧建余、韦寒英、陆文江、黄燕玲、邓永珍、李晓丹、余乾等，是你们的广泛参与才使得我们的课题得以顺利结题并出版；我还要感谢潘鹏飞、程道品、刘中刚等所有关心、爱护、教育和帮过忙的人，谢谢你们！